# 公园城市 Park City

## 城市公园景观设计与改造

Urban Park Landscape Design and Transformation

陈强 李涛 等编著

化学工业出版社

·北京·

## 内容简介

生态破坏、环境污染、自然灾害频发、大城市病……这些问题引发人们思考应该如何处理人类生存空间与自然环境的关系，以及我们的城市应该如何发展。公园城市理念的提出强调了城市生态体系的重要性，明确了城市发展的预期。本书梳理了基于公园城市理念的城市公园建设方法与近年来的优秀案例，内容涵盖城市生态、人性化设计、城市更新、海绵城市、韧性景观等理论探索，以及大型公园、滨水绿道、街头游园、社区公园、口袋公园等不同类型的城市公园案例，使读者全面系统地了解当代城市公园建设的理论与实践。

本书适合景观设计师、建筑师、相关专业院校师生，以及对城市公园和城市生态建设感兴趣的读者阅读 。

**图书在版编目（CIP）数据**

公园城市：城市公园景观设计与改造/陈强等编著. —北京：化学工业出版社，2022.4
ISBN 978-7-122-40635-4

Ⅰ. ①公… Ⅱ. ①陈… Ⅲ. ①城市景观－景观设计－研究 Ⅳ. ① TU984.1

中国版本图书馆 CIP 数据核字（2022）第 018044 号

责任编辑：毕小山　　装帧设计：米良子
责任校对：边　涛

出版发行：化学工业出版社（北京市东城区青年湖南街 13 号 邮政编码 100011）
印　　装：天津市银博印刷集团有限公司
787mm×1092mm 1/16 印张 17 字数 470 千字 2022 年 4 月北京第 1 版第 1 次印刷

购书咨询：010-64518888　　售后服务：010-64518899
网　　址：http://www.cip.com.cn
凡购买本书，如有缺损质量问题，本社销售中心负责调换。

定　　价：128.00 元

# 编写人员名单


**陈　强**　中邦园林环境股份有限公司

**李　涛**　UAO 瑞拓设计

**陈又畅**　北京北林地景园林规划设计院有限责任公司

**邓　刚**　上海水石建筑规划设计股份有限公司

**郝勇翔**　北京创新景观园林设计有限责任公司

**何　岩**　长春建筑学院

**李　卉**　WTD 纬图设计

**刘小玲**　UAO 瑞拓设计

**刘沁雯**　深圳园林股份有限公司 深圳园林规划设计院

**陆　洲**　UAO 瑞拓设计

**彭章华**　深圳园林股份有限公司 深圳园林规划设计院

**唐艳红**　易兰（北京）规划设计股份有限公司

**佟　玲**　中邦园林环境股份有限公司

**王　阔**　北京创新景观园林设计有限责任公司

**叶婉璐**　大小景观

**张盼盼**　香港译地事务所

**张亦箭**　北京北林地景园林规划设计院有限责任公司

**钟惠城**　大小景观

**Vorrarit Anantsorrarak**　香港译地事务所

# 前言

## “以人民为中心，为生活而设计”
### 营造“城园融合”的生态宜居新家园

2018 年 2 月，习近平总书记在视察成都天府新区时，首次提出“公园城市”理念。公园城市的建设核心是要将整座城市建设成一座大公园，将以公园和绿地为主体的绿色空间作为载体，统筹生态、功能、景观、业态、活动组织等多维要素，共同营造充满生态气息的城市氛围，以此来提升城市的活力、吸引力和开放度。公园城市是实现生态文明建设的重要载体，是实现人民对美好生活向往的途径，是美丽中国的重要象征，是一种全新的统筹城乡人居环境建设的新理念和理想型城市建构的新模式。

从“绿色”到“智慧”，从“公园”到“家园”，从“传统城市”到“韧性城市”，从“减碳”到“碳中和”，等等，公园城市是一条走向可持续发展和生态智慧的中国城市建设道路，是中国未来城市发展的必然选择。

公园城市这一全新的城市建设理念的提出，既丰富了风景园林学科的内涵，也赋予了风景园林设计师新的责任和使命。因此，在这样的新时代背景下，对公园城市理念下的城市公园景观设计进行不断的深入研究探讨和实践总结，将对拓展当下城市公园景观的设计思路具有重要的现实意义。

城市公园体系是公园城市中绿色基础设施开放空间系统的重要组成部分，作为满足人民日益增长的美好户外公共生活需要的主要特色载体，对打造高品质城市环境，提升绿色空间品质和激发城市活力氛围，发挥了不可替代的作用。风景园林规划设计是实现城市公园景观建设的主要途径。笔者结合近些年在这方面的研究与实践总结出，基于公园城市理念下的城市公园景观设计大致需要着重关注以下几个方面，供读者参考。

**以人为本，健全优质便民服务设施。**城市公园景观的规划设计应该结合周边用地性质与规划定位，大力拓展市民活动的各种可能性，形成多类型、多元化、多节奏、多体验的便民服务体验空间，实现从生态绿地到城市界面的多层级空间变化；通过合理布置公厕、避雨回廊、生态停车场、无障碍通道以及应急避难场所等基础便民服务设施，让城市公园能更好地服务于周边居民，提升公园的使用效率，实现“以人民为中心，为生活而设计”的美好愿景。

**生态赋能，构建可持续生态系统。**城市公园景观的规划设计需要坚持以生态优先为指引，优先运用低维护的乡土植物材料，构建稳定的地域性植物群落，积极倡导近自然、本土化、易维护、可持续的生态建设方式，并通过多种低碳、零碳及负碳类技术的组合运用，提升城市公园生态系统的碳汇能力，促进碳达峰和碳平衡，构建高韧性与可持续的生态系统，维护生态平衡，促进人与自然和谐共生，以及城市健康发展。

**城园融合，营造生态宜居综合体网络。**城市公园体系不仅要考虑综合性公园、社区公园、专类公园和口袋公园等各类公园个体的规划设计，如何通过生态因子和绿道系统将这些不同类型的公园串联起来，使其形成完整的城市公园建设体系，也是规划设计中要重点考虑的问题。因此，还需要加强绿色生态廊道的建设，通过绿色生态廊道将各类公园串联成有机的整体，强化公园之间的网络联系及多维度连接，并将公园有机融入城市空间结构，实现绿地格局与城市结构的融合与协调，实现公园绿地与城市功能的依附共生，并最终打造一个连续、无边界、渗透成网、生态宜居的综合体网络。

**智慧设计，营造智能化公园场景。**信息模型时代的城市公园规划与设计，需要通过 LIM 智能化设计、大数据采集、物联网交互、沉浸式体验、AI 辅助设计、无人机测绘等新技术的合理运用，为城市公园景观设计提供可视化、可量化、可优化等便捷的设计路径。同时，通过开展智能化设计为市民实现“智慧健身”“智慧出行”等多种便民功能，提高市民幸福指数，打造新时代的高科技智慧公园体系。

**业态耦合，提升城市公园的活力多元。**城市公园景观的规划设计需要通过探索发展休闲、便捷、多元的生活性服务业态功能，实现公园绿地的活力多元。同时，设计中需要通过科学谋划，同步建立类型丰富、体系完善的创新运营模式，这样才能长久保持城市公园的活力与生命力。我国在这方面的研究和实践起步相对较晚，需要在实践中不断探索总结，并借鉴国外成功的公园运营经验，探索出一条符合中国特色的城市公园运营创新之路。

成都作为公园城市理念的首提地，积极探索公园城市建设的实现路径并且取得了显著的成绩；同时，其他城市也在积极推进与公园城市相关方面的建设，涌现出一批公园城市理念下的优秀城市公园景观实践案例。《公园城市：城市公园景观设计与改造》一书的出版，希望通过交流与分享各地的成功实践经验，努力探索新时代城市公园景观高质量发展路径，为美丽宜居的公园城市建设助力。

本书将设计原理与实践案例相结合，具有一定的理论性、系统性和客观性，为读者提供较为全面的参考，是一部具有学术性及实用性的著作，希望从中探究公园城市建设中城市公园景观规划设计的普适性路径及方法，可供园林景观设计师、园林城市管理人员及大专院校相关专业的师生参考阅读。

在此衷心感谢向本书提供优秀设计作品和资料的各设计机构，以及编写过程中设计师们的大力支持、配合与热心参与，使得本书顺利出版！

由于编者水平和写作时间有限，书中难免存在疏漏和错误之处。真诚欢迎广大读者、同行和专家给予批评指正，以便改进。特致深深的谢意！

陈强

2021 年 10 月

# 目录

设计引言 / 001

1 公园城市的建设背景、理念、内涵与特征 / 002
1.1 公园城市的建设背景 / 002
1.2 公园城市的理念 / 002
1.3 公园城市的内涵与特征 / 003

2 公园与城市，国外的建设经验 / 004
2.1 美国的城市公园建设 / 004
2.2 新加坡花园城市建设 / 005

3 我国公园城市的建设实践 / 005
3.1 成都市公园城市建设实践 / 005
3.2 深圳市公园城市建设实践 / 007
3.3 北京市公园城市建设实践 / 007
3.4 长春市公园城市建设实践 / 009

4 以公园城市建设为主题的相关活动 / 011

5 公园城市背景下的旧城区更新与新城区规划 / 013
5.1 旧城区更新 / 013
5.2 新城区规划 / 015

6 公园城市与韧性景观 / 017

7 公园城市背景下，城市公园的设计改造原则 / 017
7.1 分布合理，可达性强 / 017
7.2 完整的公园体系 / 018
7.3 宜人的生态环境 / 018
7.4 人性化的使用功能 / 020
7.5 高度的安全性 / 021
7.6 城市海绵功能 / 022
7.7 应急避难功能 / 024

8 公园城市建设的意义 / 026

## 案例赏析 / 031

长春水文化生态园 / 032
长春市东新开河景观设计项目 / 050
武汉青山江滩设计 / 094
遂宁南滨江公园 / 118
四海公园景观提升工程 / 130
蚝乡湖公园 / 138
成都麓湖生态城红石公园 / 152
成都麓湖皮划艇航道景观 / 166
登封少林大道景观提升工程 / 174
宝安中心区四季公园 / 194
宁波万科芝士公园 / 202
北京万寿公园改造工程 / 210
广阳谷城市森林 / 226
拼图公园 / 234
武汉樱花游园景观设计 / 254

## 设计公司名录 / 262

# 设计引言

- 公园城市的建设背景、理念、内涵与特征
- 公园与城市，国外的建设经验
- 我国公园城市的建设实践
- 以公园城市建设为主题的相关活动
- 公园城市背景下的旧城区更新与新城区规划
- 公园城市与韧性景观
- 公园城市背景下，城市公园的设计改造原则
- 公园城市建设的意义

# 公园城市的建设背景、理念、内涵与特征

## 1.1 公园城市的建设背景

城市化的高速发展是社会、经济、人文进步过程中的必然现象，是一个国家进步、发展的标志。但是，城市的快速扩张也引发了一系列的问题，包括中心城区人口膨胀、耗能巨大、资源短缺、环境污染、交通拥堵、基础设施建设不完善、健康危害等。时代呼唤一种新的城市发展范式，来实现人们对“理想城市”的追求。公园城市的建设即是要通过提升城市生态文明，创造更好的人居环境，从生态建设入手，把城市建设成为人与人、人与自然和谐共处的美丽家园。

## 1.2 公园城市的理念

2018 年 2 月，习近平总书记在视察成都天府新区时提出建设好“公园城市”的殷切希望。以成都为试点的公园城市建设率先开启。除此之外，习近平总书记还在 2019 年的讲话中指出：“当人类合理利用、友好保护自然时，自然的回报常常是慷慨的；当人类无序开发、粗暴掠夺自然时，自然的惩罚必然是无情的。人类对大自然的伤害最终会伤及人类自身，这是无法抗拒的规律。”人与自然必须和谐共处，在尊重和保护自然的前提下，再从自然中得到人类需要的资源。

作为一个全新的城市建设理念，“公园城市”与国外流行已久的“花园城市”“田园城市”有着明显的区别，但在生态系统的建设上又存在一定的关联性。“花园城市”这一概念最早是在 1820 年由著名的空想社会主义者罗伯特 • 欧文 (Robert Owen ) 提出的。18 世纪中期至 19 世纪，欧美大陆相继出现工业化浪潮，工业建设及生产活动盲目进行，对自然环境造成了严重的破坏，城市中心人口膨胀，工业用地不断扩张，自然景观锐减。英国著名的社会学家埃比尼泽 • 霍华德 (Ebenezer Howard) 在经历了英、美两国工业城市的种种弊端，目睹了工业化浪潮对自然的毁坏后，于 1898 年在《明日的田园城市》一书中提出了“田园城市”的理论。其中心思想是使人们能够生活在既有良好的社会、经济环境，又有美好的自然环境的新型城市之中。其本质是从整体上以生态规律来揭示并协调人、建筑与自然环境和社会环境的相互关系。田园城市的模式图是由一个核心、六条放射线和几个圈层组成的放射状同心圆结构。每个圈层由中心向外分别是绿地、市政设施、商业服务区、居住区和外围绿化带，然后在一定的距离内配置工业区。整个城区被绿带分割成不同的城市单元，每个单元都有一定的人口容量限制 ( 约 3 万人 )。田园城市理论强调城市周围应保留永久性绿带，以控制城市盲目扩张。不同于田园城市的建设模式，公园城市的建设核心是要将整座城市建设成一座“大公园”，将以公园和绿地为主体的绿色空间作为载体，统筹生态、功能、景观、业态、活动组织等多维要素，共同营造充满生态气息的城市氛围，以此来提升城市的活力、吸引力和开放度。通过生产方式、生活方式、价值观念以及社会文化的系统性变革，增加城市的竞争力。在公园城市的建设过程中，不能单纯看公园的数量多少，而是要将公园在使用中的系统性、生态价值和服务品质纳入评价标准。不同于传统的加建公园和增加绿地面积，公园城市是一种全新的统筹城乡人居环境建设的新理念和理想型城市建构的新模式。城市公园是一个个绿色的“孤岛”，而公园城市则是覆盖全市的生态大系统，将公园形态与城市空间有机融合，城市仿佛是从公园中生长出来的建筑集群。

### 1.3 公园城市的内涵与特征

公园城市的内涵与特征可从四个方面进行理解：第一，以人为本，服务于人民，为老百姓创造美好的生活环境；第二，以生态环境建设为优先，倡导绿色发展；第三，通过公园城市的建设达到优化城市布局的目的，塑造绿色健康的城市形象；第四，通过优化城市环境，让城市建设走向绿色、低碳、高质量发展的道路，这也正是城市建设的初心所在。在公园城市中，公园的建设和使用更应重视其共享性、生态性、创新性、协调性、开放性这五大特征，让其更好地被人民所用。公园的共享性在很大程度上可以体现以人为本的服务理念，使其无差别地面向所有公众，为市民公平享有，从而实现“生态福利”的均等性与公平性，增强市民对优质人居环境的幸福感和获得感。公园的生态性体现在公园建设要顺应和保护自然环境，充分利用现有的山、河、湖、海等自然资源，通过公园建设的手段使这些自然资源融入城市之中，强调城绿共荣的城市生态文明建设理念。公园建设的创新性是指通过公园的建设来改变城市风貌，并将其作为城市转型发展的重要引领。公园建设的协调性体现为通过建设包括城市公园、郊野公园、社区公园、口袋公园、主题公园等在内的局部风景休憩体系，使得不同类型的公园协调共生，同时通过公园建设促进城乡之间的协调发展，不断缩小城乡差距。公园作为重要的绿色开放空间，也是促进社会善治和文化传承宣展的平台。作为城市基础性建设的重要组成部分，公园的开放性特征增加了人们与自然之间的互动，也大大提升了公园的实际使用效率。

**公园内大面积的绿色植被不仅起到了美化环境的作用，其内部的配套设施也可以为市民游憩所用**

**© 武汉青山江滩设计 / UAO 瑞拓设计 / 此间建筑摄影 赵奕龙**

## 2 公园与城市，国外的建设经验

无论是在国外还是国内，最早出现的园林都是王公贵族的私有园地。真正意义上的城市公园兴起于 17 世纪的英国。资产阶级革命胜利后，部分皇家贵族的私人宫苑开始向民众开放，如伦敦海德公园、肯辛顿公园等。在中国古代，园林主要以北方皇家园林和江南私家园林为代表，直到 19 世纪末 20 世纪初，私人园地逐渐面向大众开放，性质发生根本性转变。随着公园被越来越多的人所使用，人们也逐渐意识到公园在日常生活中的重要性，对公园数量及品质的需求也在不断上升。公园在一定程度上带动了整个城市的发展。

公园虽然给人们的日常生活增色不少，但是传统的城市公园在使用和管理上依然存在许多不足。例如管理和服务水平不到位导致公园里的景观缺少维护，展示空间没有被充分利用，用于居民休憩和游玩的设施不足，以及交通通达性不够导致游人数量过少等问题。而公园城市背景下的城市公园建设则力求在很大程度上改善上述不足，并把公园的品质和实际使用情况纳入考核之中，进一步提升公园的使用效率，使公园城市的建设更具有实际意义。

### 2.1 美国的城市公园建设

纵观全球，一些发达国家的城市公园建设很好地诠释了公园与城市的关系，可以为我们提供一定的参考。以纽约为例，在美国人眼中，纽约中央公园（Central Park）有着举足轻重的位置。中央公园的存在成就了一座国际化大都市的完整性。19 世纪 50 年代，纽约经济快速发展，人口大量涌入，由此环境问题变得严峻，城市的各种弊端也日益暴露。1856 年，奥姆斯特德和沃克斯两位风景园林设计师规划了纽约中央公园，试图在繁华的市中心为市民提供一个宛如乡村景致的休闲去处。纽约中央公园是美国历史上修建的第一个真正意义上的大型城市公园。纽约中央公园的设计借鉴了英国流行的田园主义理念，公园内的小径将游客引向四面八方，既能将人流分散开来，也能保护空间的私密性。公园内大面积的湖泊、草坪、绿植，以及公园内必备的各类设施为居民们提供了一处宁静、休闲的娱乐场所。中央公园设计的更大的巧妙性在于设计者将东西向的四条城市干道设计为地下穿过，从而保证了公园景观的完整性和游园的安全性。

在中央公园的鼓舞和带动下，纽约逐渐形成了由一系列区域性公园和大型公园组成的城市公园开放系统，并提出“十分钟公共空间步行圈”的城市公共空间规划思想，为每一位纽约市民提供休闲、运动、文化、教育等全方位的体验。

### 2.2 新加坡花园城市建设

除了纽约之外，新加坡也是这方面建设的典范。新加坡的国土面积有限，仅为 724.4km$^2$，但仍保留大量的生态空间，长期培育生态基质，在城市建设中严格管控绿化建设，建立完善的监督体制，注重生态系统修复，建立多维立体的绿化景观。人们在这里能明显感受到自然与建筑、现代与传统、经济与文化、城区与郊外等的协调，获得和谐与秩序的感受。具有代表性的公园包括以新加坡新地标著称的滨海湾花园，位于新加坡南部最高山的花柏山公园，户外活动胜地东海岸公园，有效改善社区生态环境的新加坡碧山宏茂桥公园等。

从 20 世纪 60 年代起，新加坡政府每 10 年修编一次城市建设规划，其中心思想始终围绕“花园城市”的建设。例如，20 世纪 60 年代提出通过绿植来净化城市，大力种树，建公园，为市民提供开放空间；70 年代注重道路绿化，增加彩色植物的种植，对新开发区域进行植树造林；80 年代开始对植物进行机械化种植和计算机化管理，引进更多彩色植物；90 年代建设生态公园，以及连接各公园的廊道系统，增加机械化操作，减少人力成本；进入 21 世纪，开始全面实施空间立体绿化景观设计，鼓励发展阳台绿化、竖向绿化、屋顶花园的建设。新加坡近年来的城市建设目标已从“花园城市”转变为“花园中的城市”。新加坡在开发和规划城市时，非常注重自然环境，开阔的绿地系统与河流水系有机相连，将自然环境引入城市空间，整个城市就像是生长在一个森林公园中，建筑物与自然环境完美融合。在市区建设上，建筑物的存在必须符合整体规划，充分考虑自然与人文的景观轴线，建筑与空间并重，在建筑周围提供足够的景观空间，保证建筑周围宜人的环境。在郊区，新开发的城镇与原有城市之间留有一定的空间，使城市自然生长，保持其可成长性。沿着中央水湖流域环形开发了一系列新的高密度卫星城镇，城镇之间被绿色空间和一系列公园及公共空间隔开。低密度和中密度的私人住宅建在这些城镇的旁边，并为工业园区预留土地。

## 3 我国公园城市的建设实践

公园城市的建设理念提出之后，我国已有一些城市开始了对这一全新城市建设理念的探索之路。但是由于南、北方经济和自然条件方面的种种差异，公园城市的建设步伐及成果也存在着差别。下面分别对我国南、北方较为主要城市的公园城市建设实践成果进行梳理，以便更多地了解公园城市建设的现状。

### 3.1 成都市公园城市建设实践

作为公园城市的发源地，成都始终在积极探索公园城市建设的实现路径，并且在公园城市的建设上已经取得了显著的成绩。在 2020 年举办的公园城市“践行共享发展理念的公园社区”分论坛上，成都市城乡社区发展治理工作领导小组发布了《成都市公园社区规划导则》。这是全国首个公园社区规划导则。公园社区作为公园城市的基本空间单元，其建设成果对于公园城市的总体建设有着重大的影响。该导则不仅阐述了公园社区的定义、建设方式、建造意义等内容，还根据不同类型的公园社区制定出了可行的监督及管理体系，填补了这一领域理论指导的空白。2021 年 2 月，天府新区作为公园城市建设的先行者，率先发布了《天府新区公园城市规划建设白皮书》，从生态环境、空间形态、产业发展、文化建设、公共服务、社会治理六大方面总结了天府新区公园城市的建设成果，为其他地区提供了成功的建设范本。现如今，成都市已经逐步发展成为一个到处都是公园的城市，除了较为常见的社区公园、口袋公园、儿童公园、城市小型绿地以外，还有各类大型的郊野公园、湿地公园、森林公园等。身处在这样一个庞大的绿色生态体系中，成都市的生态环境已经达到了“公园中建城市”的标准。

目前，成都市最受瞩目的“绿脉”建设当属全长 16930km 的天府绿道。天府绿道与市民的日常生活息息相关，同时承载着生态保障、休闲旅游、体育运动、文化博览、慢行交通、农业景观、海绵城市、应急避难等多种功能。天府绿道以“一轴、两山、三环、七带”的区域级、城区级、社区级三级绿道体系，形成贯穿全域、覆盖城区、连接主要功能区的绿色交通系统。一条条绿道将沿线的大小公园串联起来，最终形成一个覆盖全市的生态绿网。除此之外，成都还有众多知名的公园景区，如龙泉山城市森林公园，南北向绵延 90km，东西向跨度 10~12km，规划面积 1275km$^2$，形成 1 个城市森林公园、2 大功能分区、10 个游憩单元、3 段特色景观、3 环交通串联、全域绿道支持的结构。还有成都市中心城区面积最大的湿地公园——青龙湖湿地公园。该公园占地面积 20km$^2$，作为成都极其重要的湿地，为众多珍稀鸟类提供了栖息之地。截至 2021 年初，成都市的公园数量已经超过 1100 个，不仅为市民提供了众多休闲娱乐的好去处，也为城市发展方式和经济组织方式的重大变革提供了保障。用风景留住人才，提升经济，以需求为导向，加快建设重大科技基础设施集群、研究基地集群和若干功能性产业园区，打造经济新引擎，让城市有更好、更具竞争力的未来。

**麓湖皮划艇航道为皮划艇运动爱好者提供了很好的活动空间，如今的麓湖也已经是公园城市建设的一张新名片**

© 成都麓湖皮划艇航道景观 /WTD 纬图设计 / xf-photography

## 3.2 深圳市公园城市建设实践

除了成都以外，深圳市的公园城市建设进程及取得的成绩也是有目共睹的。目前深圳市的公园数量已经突破了1000个，成为名副其实的“千园之城”。公园绿地500m服务半径覆盖率达到90.87%，整座城市仿佛置身于一座大型的公园之中。

通过公园城市的建设，绿色经济得到最大限度的释放，通过增加城市的宜居性及环境软实力来吸引更多的人才，保证市民享有优质的绿色空间。深圳园博园、莲花山公园、香蜜公园、人才公园、深圳湾休闲带、红树林公园、笔架山公园等深受市民喜爱。随着公园里各项健身及休闲设施的日益完善，公园也被越来越多的民众选择作为假期休闲的首选场所，为人们提供了亲近自然的空间。除此之外，公园也成了很好的科普平台，市民通过参加在公园中举办的各类自然教育活动，更多地了解了与生态环境相关的知识，增强了环境保护意识。在深圳，每年举办的“公园文化季”活动已经成为备受市民喜爱的文化盛事。音乐会、舞蹈表演、体育竞技等活动，分别满足了不同年龄段参与者的喜好，不仅彰显了城市的多元化魅力，也调动了民众的参与积极性，共享公园城市建设的硕果。

**公园内优美的环境为人们的日常休闲活动提供了空间**

**© 四海公园景观提升工程 / 深圳园林股份有限公司，深圳园林规划设计院创新研究院 / 陈卫国**

## 3.3 北京市公园城市建设实践

北京作为我国的政治文化中心，其环境建设尤为重要。通过公园城市的建设来促进首都城市复兴，是实现人与自然和谐发展、提高居民生活环境与质量、重塑城市形象的重要路径。北京市在2021年重点建设26处休闲公园，力争森林覆盖率达到45%以上，公园绿地500m服务半径覆盖率达87%，人均公园绿地面积将达16.6m$^2$，让市民获得更多的优质绿色空间。朝阳区已开始加速建设绿色廊道景观，包括广渠路沿线郭家场村南侧、咸宁侯村2处，共计22.5万平方米的绿化节点建设工程也已经开工建设。建成后的儿童游乐区、健身区、林荫栈道等将成为周边居民健身、休闲、交流、娱乐的新场所。石景山区通过新建和改造一批公园，在长安街西延线打造包括13个公园在内的西长安城市森林公园群。顺义区在后沙峪新建了两座城市森林公园，包括占地 7.7 万平方米且免费对市民开放的海航城市森林公园以及毗邻友谊医院顺义院区的一座占地 6.6 万平方米的城市森林公园。顺义区还将继续推动造林工程，加强绿化建设，打造更多的市民休憩空间。除此之外，大兴、丰台、房山区也将继续推动造林绿化建设，着力以增绿改善城市生态环境，加快公园城市的建设。

**改造后的自然森林谷地及因势利导形成的雨水花园**

**© 广阳谷城市森林 / 北京创新景观园林设计有限责任公司 / 王阔，郝勇翔**

### 3.4 长春市公园城市建设实践

享有“北国春城”美誉的长春市早在2013年就制定了与公园城市建设理念相契合的《长春市绿色宜居森林城规划（2013—2030）》（以下简称《规划》）。近些年，伴随着《规划》逐步实施，长春市在公园城市建设方面紧紧围绕以人民为中心，不断提升人民群众的幸福感、满足感与获得感，并取得了显著的成绩。截至2020年，长春市已经十次获评“中国最具幸福感城市”荣誉称号；同时，长春市先后被评为“国家园林城市”“全国绿化模范城市”“国家森林城市”。截至2020年底，长春市建成区绿化覆盖面积22864hm$^2$，绿地面积20110hm$^2$，公园绿地面积5913hm$^2$，绿地率36.5%，绿化覆盖率41.5%，城市人均公园绿地面积12.05m$^2$，公园绿地服务半径覆盖率82.23%。长春是全国最早提出森林城建设理念和规划的城市。1991年，原国家林业部批准了长春市森林城建设规划。这是全国第一部关于森林城市建设的规划。近年来，长春市已经建成了以伊通河生态人文景观为轴线，以百座城市公园、百条城市景观防护廊道、千点城乡绿色福利空间为骨架，以净月潭国家森林公园为绿肺，以湿地生态系统为绿肾，环城绿化带环抱，绿色村屯簇拥的城市生态系统格局，重点打造了“百千工程”，共同构建了公园城市的宏伟蓝图。

①百园工程。在改革开放前，长春市建成区仅有10座公园（不含风景区），总面积为410.27hm$^2$。截至2021年，全市对外开放的公园已达到166座。城市公园增速在全国处于领先地位，城市森林绿地面积位居东北省会城市之首。经过系统的建设、改造与升级，形成了综合公园、社区公园、专类公园、带状公园和口袋公园交相辉映的网络格局，基本上实现“三百米见绿，五百米见园”的规划目标。既有大型的综合性公园，又有“一园一品”、风格各异的专类公园。其中，长春净月潭国家森林公园面积约9638hm$^2$；长春北湖国家湿地公园面积约1197hm$^2$；南湖公园面积约238.6hm$^2$；世界雕塑公园面积约92hm$^2$；动植物公园面积约74hm$^2$。大小众多的公园如绿宝石均匀镶嵌在城市之中，熠熠生辉。

②百廊工程。通过保留和延续南湖大路、延安大路、自由大路等道路冠大荫浓的林荫道特色，打造综合景观路、森林景观路等城市绿色廊道工程，形成北方城市生态特色。全市已建成绿道191.05km。其中，按照公园城市理念提升后的人民大街，沿线串联两侧现有的6座大型城市公园，16个口袋公园，并于2019年对10km沿线两侧的企事业单位实施拆除现有围栏透绿工程，打造公园城市示范性特色景观街路。

③千点工程。在人口密集、建设难度大的老旧居民区加快绿化建设步伐，每年高标准推进30个单位、庭院小区绿化。

目前，长春市庭院绿化数量达到了2409个，绿化面积达到5385.8hm$^2$，绿化覆盖率实现28%。高标准完成了以伪皇宫、东北师范大学、中国第一汽车制造总公司等单位庭院绿化和万科城市花园等居住社区绿化为代表的庭院精品绿化工程。净月潭国家森林公园是长春市的生态绿肺，占地面积百余平方公里，森林覆盖率高达96%。这里有亚洲第一大人工林海，瓦萨国际滑雪节、国际森林徒步节、马拉松赛、消夏节、冰雪节等丰富的资源，极大满足市民对业余文化生活空间的多样化需求。“十四五”期间，长春市计划新建各类公园27座，提升改造城市林荫道25条，新建大块绿地20宗，新建街头口袋公园118处。并着力实施伊通河和饮马河两河建设工程，“两楔、四廊”生态绿地和绿道建设工程，城市公园建设和绿化修复工程以及城市绿化美化提升等系列工程。

现如今，长春市已经逐步发展成为一个到处都是公园的城市。2018年，人民日报客户端刊登题为《长春幸福里，公园若比邻》的文章，对长春市多座公园进行了专题报道，也是对长春市践行公园城市理念最好的诠释。

注：上述资料数据大部分来源于2021年全国园林行业新时期园林企业发展论坛的专家报告。

将公园与城市的绿道系统进行灵活连接，打造城园绿道共同体网络，让市民更便捷地进入滨水休闲空间

© 长春市洋浦公园 / 中邦园林环境股份有限公司 / 陈强

营造嵌套在城区内部的社区公园绿地，成为附近居民利用率最高的共享交流空间

© 长春市东荣社区公园 / 中邦园林环境股份有限公司 / 陈强

“昔日垃圾场，今日草花香！”经过生态修复后的垃圾填埋场重新焕发生机；必要的服务设施为公共空间开发利用提供多种可能

© 长春市三道垃圾环保生态公园 / 中邦园林环境股份有限公司 / 陈强

利用生态工法技术构建自然可持续的雨洪调节系统；健全优质的便民服务设施，为市民打造全新的公共休闲空间

© 长春市河滩花园 / 中邦园林环境股份有限公司，戴水道景观设计咨询（北京）有限公司 / 陈强

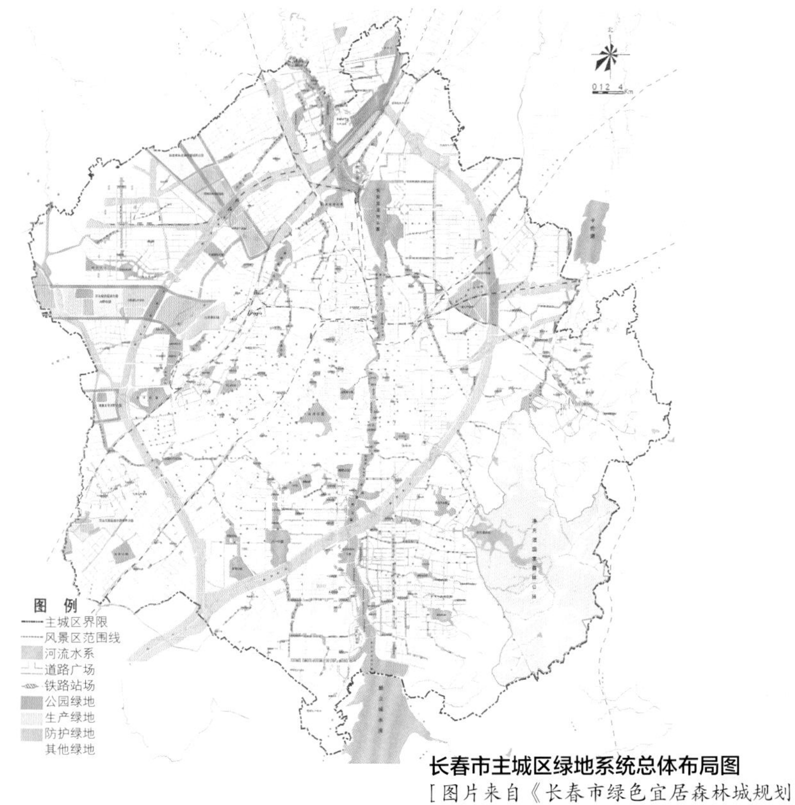


**长春市主城区绿地系统总体布局图**
[图片来自《长春市绿色宜居森林城规划（2013——2030）》]

## 4 以公园城市建设为主题的相关活动

2019 年是成都市启动公园城市建设的第一年。同年 3 月 30 日，在当地居民的热情参与下，由成都市文化公园主办的“我为公园城市献花环”天府花文化互动活动在公园南大门举行。在活动现场，市民积极互动，利用藤条制作了形态各异的花环悬挂于巨型“公园城市”立体字造型上，表达了对公园城市建设的支持。

“北林国际花园建造周”创办于 2018 年。2021 年 9 月 16 日下午，以“公园城市，未来花园”为活动主题的第四届“北林国际花园建造周”颁奖仪式在成都市青龙湖湿地公园成功举行。此次活动历经近 10 个月的筹备和评选，参会的设计者需要在面积有限的地块内，以竹子和花草植被为创作素材，设计并搭建出具有未来感的小花园。最终经过近 4 天的现场搭建，来自包括北京北林地景园林规划设计院有限责任公司、中国城市规划设计研究院风景园林与景观研究分院、北京林业大学、天津大学、华南理工大学、广州美术学院、中国农业大学、清华大学等在内的近 50 所设计单位和高校的 36 个获奖竹构花园作品全部搭建完成。所有项目面向公众开放展览。此次活动的举办，使人们见证了众多创意十足的项目落地，同时也推动了成都市公园城市创建工作的进行，让更多人了解并参与到公园城市的建设中来。

此次活动现场建造阶段的评审专家由来自北京林业大学园林学院、清华大学建筑学院、重庆大学建筑城规学院、同济大学建筑与城市规划学院等单位的业界内知名专家学者组成。活动共评选出 36 个获奖作品，其中学生组一等奖 6 名，二等奖 9 名，三等奖 13 名；专业组一等奖 1 名，二等奖 3 名，三等奖 4 名。

在学生组获奖作品中，由重庆大学夏晖、罗丹两位老师指导学生完成的作品《遗落之境》在此次活动中荣获二等奖。遗落之境寓意一片被遗落的净土，是地球资源枯竭之后，能为人类未来带来新的希望与生命力的一片土地。园中构筑物以陨石为原型，由 8 根竹棍支撑，呈现漂浮感。位于构筑物下方的植物与构筑物一起烘托出梦幻的氛围，打造了一处充满神秘与希望的“遗落之境”。

© 遗落之境 / 重庆大学 / 罗丹

活动现场的学生作品展示
© 罗丹拍摄

由国际竹藤中心、北京北林地景园林规划设计院有限责任公司、WEi景观设计事务所、四川景度环境设计有限公司、北京清华同衡规划设计研究院有限公司共同参与完成的作品《生命之花》荣获专业组一等奖。该作品借助竹子的坚固性，以竹拟花，通过表现竹、鞭、茎、叶、蕊的生长周期，寓意生命循环往复的万物法则。该作品预示着生命的循环不息，有生命之花出现的地方，生命就会出现。

## 公园城市背景下的旧城区更新与新城区规划

### 5.1 旧城区更新

旧城区通常是在城市化快速发展之前建设的。其特点是空间尺度比较小、建筑密度高、街巷狭窄、交通拥堵、人口密集，水电气等公共设施陈旧老化，存在一定安全隐患。同时，旧城区中可供开发的建设用地较少，并且存在一些“城中村”，更新改造难度较大，只能采取渐进式的更新方式。因此，在公园城市背景下的旧城更新可以采用“城市双修”的途径，即生态修复、城市修补。在旧城区适当改造和增加社区公园，增加公园数量，提升公园品质；还要充分利用旧城区的“边角空地”和原有的公园、景观，打造全新的满足市民需要的城市公园体系，提升市民幸福指数。

许多旧城区的大型城市公园中，已经出现了植物生长凌乱、环境质量下降、设施陈旧或破损严重等问题，存在安全隐患，已经不能满足市民正常的观赏、游憩、娱乐、应急避难等需求。对于这种已经建成并投入使用多年的大型公园而言，可通过局部的修补来实现公园的生态修复以及功能提升。在最大限度保护现状植物的基础上，对长势较差的植物进行局部更换，提升植物景观的功能、品质和特色。同时重新进行道路铺装，既要满足海绵城市的建设需求，很好地调控雨水径流，同时也要满足市民日常跑步及散步的需求。对老旧的运动设施进行更换，在保证使用安全的前提下为市民提供更多健身设备。除此之外，老旧城区通常具有当地独特的人文底蕴，在更新改造中，要深入挖掘当地的历史文化，彰显地域特色，把公园打造成有利于当地文化输出的平台。

以长春水文化生态园为例，其前身为长春市南岭水厂，始建于1932年。2015年，原南岭水厂搬迁新址，老的厂区结束供水。2016年长春市政府希望对水厂旧址进行改造，使其适应新的城市发展需求。在生态修复方面，设计师针对植物群落组成、数量、分布格局、栖息生境、生态习性和季节动态展开研究，清理场地内侵占力强的树种，补充大量本土植物，配置特色植物群落，如香蒲、芦苇、菖蒲、莎草、再力花、千屈菜等组成的水生植物群落，五角枫、蒙古栎、水曲柳、桃叶卫矛、连翘等组成的阔叶混交林，长白松、樟子松、落叶松、东北红豆杉等组成的针叶混交林，等等。尽量避免其他优势物种入侵对有现有植物群落的破坏，以确保生态系统的多样性和稳定性，并为本土动物提供栖息繁衍的场所。鉴于老水厂具有一定的历史文化价值，设计师结合实际情况，将场地内的净水系统及建筑组团进行保护和修缮，保留了场地内的大乔木、工业建筑、净水池体等原生空间，并将其打造成水净化工艺博物馆，让市民能够了解净水工艺和流程，充分感受几十年前的空间场景，增加对场地的历史记忆。

**公园内的生态环境得到了很好的修复**

**© 长春水文化生态园 / 上海水石景观环境设计有限公司，中邦园林环境股份有限公司 / 潘爽**

**净水互动乐园改造前后对比，工业遗迹的保留与再利用**

**© 长春水文化生态园 / 上海水石景观环境设计有限公司，中邦园林环境股份有限公司 / 潘爽**

旧城区的更新还可以通过在社区周围建设小型的口袋公园或者开发城市不规则地带的废弃空间，来增加居民活动场所，激发社区和街区的活力。其中口袋公园是较为常见的一种类型，是规模很小型的城市开放空间，常呈斑块状散落在城市街区中。口袋公园通常是对较小地块进行绿化种植或铺装，再配置上座椅、健身器材等便民服务设施，为当地居民提供户外娱乐空间。城市中的各种小型绿地、小公园、街心花园、社区小型运动场所等都是身边常见的口袋公园。与城市里的大型公园相比，口袋公园的建设更加贴合城市居民的使用需求，其特点为面积小、选址灵活、工程量小，哪里有需要就在哪里建设，有效解决了高密度城市中心地区居民对休憩环境的需要。口袋公园的设计要素通常包括绿植、小型运动场地、儿童游玩空间、成年人休憩空间等。在设计中，首先要从人性化的使用需求出发，考虑不同群体的使用习惯，创造适应各种人群的活动空间。其次，口袋公园存在于整个城市的公园体系之中，它不是孤立存在的，应该与其他类型的公园建立联系，在功能上互相补充，共同形成公园城市的“大网”。最后，口袋公园的环境要和周边的整体环境以及建筑相协调，不要看起来过于突兀，希望通过新公园的建设让老城区重新焕发活力。

**改造后的口袋公园为周边居民提供了日常游玩及休憩空间**

**© 武汉樱花游园景观设计 / UAO 瑞拓设计 / 存在建筑 - 建筑摄影**

## 5.2 新城区规划

对于城市新区来说，由于没有老旧建筑和街道等城市设施的限制，因此可以把新区作为一个整体来规划，公园就像城市的客厅和院落。首先考虑的不是商品房的布置，而是先确定城市公园体系，再围绕公园绿地布置学校、图书馆、博物馆等各类文化场所，然后布置商业和公寓、居住等用地，以此带动城市新区的发展。纽约中央公园就是典型代表，它的出现带动了周围的基础设施建设和产业经济发展，使其周边地区逐渐成为寸土寸金的城市中心区。

以收录在本书中的武汉青山江滩为例，青山江滩位于湖北省武汉市长江南岸的青山区，与历史悠久的武汉钢铁厂（现宝武钢铁集团）共处一区，也是武汉长江主轴规划中“青山滨江商务区”的形象门户地带，是青山区产业转型升级的引爆项目。过去提到青山区，很多人会想到工厂、红房子或者低矮的平房，与武汉的中心城区相比有着明显的差距。而现在，随着青山江滩的建设，这里的环境得到了明显的改善，过去无人问津的城市片区现在成为年轻人聚集打卡、游玩的胜地。江滩周边交通发达，可以通过和平大道、临江大道，以及二七长江大桥和天兴洲大桥，通达武汉三镇。同时，地铁 5 号线与 12 号线也在建设之中，便利的交通资源带动了区域的经济发展，来到这里购房的人也越来越多。人们不用再担心由于交通不便而影响上下班。除此以外，各类配套设施建设也逐渐齐全，无论是学校、医院，还是购物区及餐饮空间，都足以满足当地居民的日常需要。居住在江滩旁，人们的生活方式也会受到潜移默化的影响。无论是工作日的饭后，还是周末等节假日，漫步于江滩环境当中，人们可以从忙碌的工作节奏中脱离，回归生活的本真。

**江滩环境改善**

**© 武汉青山江滩设计 / UAO 瑞拓设计 / Holi 河狸 - 景观摄影**

## 6 公园城市与韧性景观

近年来，全球出现了气候变暖、海平面上升、自然灾害频发的现象，城市正面临着越来越多由外部“扰动”带来的危机。这些扰动不确定性高、随机性强、破坏性大。因此，加强生态系统的“韧性”建设尤为重要。“生态系统韧性”这一概念最早由美国生态学教授霍林（C. S. Holling）提出，即“自然系统应对自然或人为原因引起的生态系统变化时的持久性”。在城市中，以钢筋混凝土为材料的基础设施建设通常是刚性与静态的，虽然可以一定程度上抵御自然灾害的入侵，但是一旦被破坏便不能自动修复。而韧性生态系统则与此不同，它在受到外部冲击时具有保持其功能结构基本不变的特点，并且具备一定的自我修复能力。景观韧性则更聚焦于绿色基础设施的韧性内涵，当自然灾害对其造成了一定破坏之后，即使它不能完全恢复原样，也可以保证其核心功能可以延续下去，进而演进以适应未来的变化，在自我修复的过程中慢慢适应已经改变了的环境，重新发挥其在自然界中的作用。例如某些地形十分陡峭，泥沙、石块等堆积物较多的地区容易发生泥石流灾害，泥石流通常伴有突发性，且具有流速快、流量大、破坏力强等特点。泥石流常常会冲毁公路、铁路等交通设施，甚至吞没整个村镇，造成巨大损失。因此，在泥石流多发地带进行绿植栽种意义重大。植物的根系犹如一张立体的大网，可以牢牢地将土壤、石块等固定住，不至于被雨水轻易冲开，尤其是地表的草本植物防治水土流失效果明显。而且植被隔离带的存在也可以在一定程度上抵御泥石流对交通设施和房屋的冲击，起到“截流”的作用，并且在灾后慢慢进行自我修复，恢复往日的枝繁叶茂。

在公园城市背景下，韧性景观规划要遵循多重原则。首先要尊重所在地的自然环境，选择适合当地自然生长条件的植被，并且要遵循植物多样化原则，共同抵御外部环境的干扰，同时还要将不同的生态体系有机结合，使其形成网络。其次，还要将“模块化”原则运用在植物规划设计中，虽然不同空间被连接成网，共同保护城市环境，但要遵循模块化原则，在其中某一个模块受到冲击之后，不会“牵一发而动全身”，影响整个环境体系。最后要体现其功能的复合性，除了发挥绿色基础设施对环境的调节和保护作用，还应该发挥其装饰性及观赏性的作用，在提升城市形象的同时也为居民日常休闲活动增添乐趣。

## 公园城市背景下，城市公园的设计改造原则

### 7.1 分布合理，可达性强

城市公园作为城市公共空间的重要组成部分，是城市居民亲近自然、游玩休憩、放松身心的重要场所。衡量公园城市的一个重要标准就是，生

活在城市不同地方的人都可以快捷方便地到达公园；所有市民都可以平等地享受公园福利。因此，城市公园在规划时，应该充分结合居民日常出行的习惯、活动强度，以及到达公园的便利程度，以出行大数据作为依据，使公园的规划布局更加合理；以一定的公园数量为支撑，确保市民能以适宜的距离到达不同等级的公园，特别对于与市民生活最为密切的“家门口的公园”布局要强调均好性。对于开发时间较久的老城区而言，城市布局已基本成形，在规划小型城市公园、社区公园、儿童公园或者口袋公园时，需要充分考虑周边的人口密度，以此来作为判定公园规划尺度及设施数量的依据。在公园的布局上，确保所有住区都有足够的绿色开放空间，让所有市民都有平等的机会来享受休闲娱乐。同时，就计划建造的公园选址而言，最好是选在周边居民步行 15min 以内能到达的地点。对于一些已经建成，但却离居民区较远的郊野公园，应该充分利用城市公共交通系统并做好市政道路规划，通过合理规划出行路线，方便居民在较短时间内以相对便捷的方式到达公园。这样不仅能提高城市居民前往距离较远的公园开展休闲游憩活动的概率，也能提高公园的使用效率，避免环境资源的浪费。

## 7.2 完整的公园体系

公园城市应该具有一个由各种不同类型公园合理搭配布局而形成的完整体系，包括国家公园、郊野公园、大型城市综合性公园、社区公园、口袋公园、景观廊道等。强调将绿色基础设施连接成网，体现绿色开放空间的连接性。

以波士顿公园绿道系统为例，公园位于波士顿市中心，面积达 50acre（1acre ≈ 4047m$^2$）。从波士顿公地到富兰克林公园绵延约 16km，由相互连接的波士顿公地、公共花园、马省林荫道、查尔斯河滨公园、后湾沼泽地、浑河改造工程、牙买加公园、阿诺德植物园、富兰克林公园 9 个部分组成。整个公园系统以河流等因子所限定的自然空间为定界依据，利用 200 ~ 1500ft（1ft ≈ 0.3m）宽的绿地，将数个公园连成一体。林荫道宽 60m，中间有 30m 宽的街心绿带，两侧的住宅都面向大道，使街心绿带构成社区的活动中心。

再以我国的上海市为例，从公园分布来看，近郊区好于市中心地区和远郊区；就使用频率来看，市中心地区的居民对于公园的需求更为强烈。在公园分布上的不足之处是点状公园的分布较为分散，公园之间相对孤立，因此还需要加强绿色廊道的建设，通过生态廊道将各类公园串联成体系，强化公园之间的网络联系及多维度连接。

## 7.3 宜人的生态环境

宜人的生态环境对于人们的身体健康和生活都有着积极的影响。城市公园绿地具有非常突出的社会、经济及生态效能，可以为城市居民提供良好的生活、学习和工作环境，促进城市生态环境的可持续发展。公园绿地对于城市生态环境的保护和调节作用首先体现在对于温度和湿度的调节上，尤其是在炎热的夏季，大面积的城市绿地可以吸收和遮挡光线，使地面的热量减少，具有明显的降温效果，能够有效缓解城市热岛效应。树木的叶片具有蒸腾作用，可以调节城市大气的温度，从而提升人体舒适感。其次，园林植物可以有效净化空气，通过阻挡、过滤和吸收的方式来降低大气中有害气体和放射性物质的浓度，有杀菌和抑制细菌的作用。第三，大面积的植物栽种可以蓄水调水，涵养水源，固土保肥。植物树冠对于雨水的截留可以有效降低雨水对土壤表层的冲刷而造成的水土流失，也能达到改善土壤结构的作用。在植被的选择上，要兼顾在地性与多样性，选择适合当地生长环境的植物，同时增加植被种类，避免景观过度单调。第四，如果公园中存在水域景观，则可以对水景进行设计与利用，通过规划湿地、浅滩、溪流等水体空间，为居民创造适宜日常游玩的亲水空间，既能增加公园使用功能的多样性，也能有效保护与利用现有的水体资源。通过修建木栈道、游廊、观景平台等设施，为游人提供更多样的休憩空间。除此之外，伴随着水体而存在的各种水鸟、鱼类等自然资源，也可以为公园增加更多的生机与情趣。

以位于北京的广阳谷城市森林为例，在设计中坚持生态优先原则，合理进行空间规划，运用“异龄、复层、混交”的种植手法，营造不同类型的近自然林，模拟北京本土自然森林群落。设计师对现有的50多株大树进行了充分的保护和利用，以丰富森林的龄级结构，形成场地最初的森林骨架。在满足市民基本游憩需求的前提下，降低园路及铺装的比例，以获得最大化的绿化种植空间。同时以高大乔木为主体，增加林木蓄积量，以获得更大的生态效益。植被的合理规划与种植对本地区的水源涵养、空气净化、土壤保育、固碳释氧、物种保育、森林游憩等多方面的生态效益有良好的促进作用。

近自然植物群落

近自然植物群落

© 广阳谷城市森林 / 北京创新景观园林设计有限责任公司 / 王阔，郝勇翔

## 7.4 人性化的使用功能

公园是面向公众开放，供其游玩、观赏、娱乐的场所，是一种公共资源。为了让更多的市民切实从公园中受益，已经有越来越多的公园免费向市民开放，同时弱化公园边界，让公园融入城市，使市民能够切切实实地从中受益。城市公园重要的是突出自身的使用功能。

在公园中，完善的配套设施是满足市民使用需求的基础和前提。这些设施包括步道、运动场地、健身器材、儿童游乐设施、雕塑和宣传牌、厕所、园灯、座椅、避雨回廊、小型零售场所、生态停车场等。这些设施的设计应以人性化为原则，符合人体工学，满足各类人群的使用需求。比如，公园内的步道通常为塑胶材质，具有一定的弹性和鲜明的色彩，同时又能抗紫外线和老化，方便居民跑步和散步。对于规模较大、场地和设施相对完善的公园，通常会设置篮球场、网球场、羽毛球场、足球场等供人们进行体育活动。对于太空漫步机、落地漫步机、引体向上训练器，单双杠等健身器材的安装、使用及后期维护一定要严格遵守相关操作规定，确保使用中的安全性。对于儿童游乐区的规划，首先要把安全性放在首位，确保场地平坦、无坚硬异物，远离车道，对场地进行适当的围合以保障安全；其次要以儿童自身的发展为根本，在游玩的过程中锻炼其体质、思维能力、活动能力、社交和解决问题的能力，选择的游乐设施要具有趣味性，同时要注重色彩、铺装、质感等方面的要求。常见的儿童娱乐设施包括儿童跑道、秋千、沙池、跷跷板、攀岩网等。公园里的雕塑和宣传牌设计要传达、弘扬社会正能量，起到正向的文化宣传和引导作用。同时要与周边的建筑环境、自然环境协调，使其教育价值和审美价值得到发挥。除此之外，辅助性功能空间，包括方便人们购买物品的小卖部、干净整洁的公共厕所及盥洗室、用于避雨或躲避突发天气的回廊、方便人们自驾而来的停车场等都是公园不可或缺的重要组成部分。

以收录在本书的北京万寿公园为例，万寿公园在改造中的重要一点便是更新陈旧设施，突出人性化特点，使老年人群通过使用公园达到亲近自然、社交活动、体育锻炼、自我健康调节的目的。通过修建主环路、多功能座椅、康复栏杆、健足步道等设施，方便老年人活动及日常锻炼，并且在公园内建立多个热水供应站与应急呼叫系统。当遇到紧急情况需要帮助时，老年人可自己或由他人帮助呼叫值班人员。另外公厕的每个蹲位也装有无线呼叫装置，值班室设在公厕管理房。全园呼叫值班室设在公园管理处，随时应对老年人出现的突发事件。

**公园内服务于老年人的人性化设施**

**© 北京万寿公园改造工程 / 北京创新景观园林设计有限责任公司 / 李战修，毕小山**

## 7.5 高度的安全性

随着越来越多的公园开始向市民免费开放，公园的使用频率也在不断增加，与此同时，各类安全事件也开始出现。在公园设计及规划之初，可以从以下方面入手，从设计的角度出发，尽可能地避免危害公园使用者安全的因素。

首先，在公园的边缘空间设置一些草坪、树木等天然屏障，通过外围设施增加公园内部的安全性。其次，在游乐设施设计上，要充分考虑不同年龄段人群的使用需求，在地面铺装材料的选择上应选择具有良好的渗水性、防滑性，以及质地柔软的铺装材料，由此起到安全保护作用，避免跌倒造成的身体伤害。健身设施安装之后要严格测试，并且安放指示牌，详细阐述其适用人群及正确的使用方法。第三，在公园内设置安全标识，提醒游人可能出现的危险，尤其是在高差大、易跌落，或者有湖泊河流的地点，要引导游客安全、文明地在园内进行各类活动。第四，在道路设计上要确保人车分流，并且做好应急行车路线规划设计。人行路设计要注意划分人流，保证道路方向清晰，具有良好的通达性及易达性，避免迷路。第五，在植物的选择上，尽量选择低矮、透光性好、不遮挡视线的植物，避免“与世隔绝”的氛围，防止相对封闭的空间内出现违法行为。第六，加强公园内的治安管理，安排工作人员做好巡查工作，尤其是在夜间，要保护夜晚期间活动人员的安全。

### 7.6 城市海绵功能

海绵城市是低影响开发雨水系统构建理念，希望城市能够像海绵一样，在适应环境变化和应对自然灾害等方面具有良好的“弹性”，下雨时吸水、蓄水、渗水、净水，需要时将蓄存的水“释放”并加以利用，从而达到提升城市生态系统功能和减少城市洪涝灾害发生的目的。在目前的城市建设中，城市排水系统的问题较多，极端天气使城市排水系统面临严峻考验，雨洪资源利用也难以满足当前城市发展的需要。就公园和城市绿地而言，由于其通常占地面积较大，植被覆盖率较高，因此打造“海绵公园”，使其犹如一块块巨大的海绵，在城市中发挥吸纳、净化和利用雨水的功能，以及提高其应对气候变化、极端降雨的防灾减灾、维持生态功能的作用尤为重要。

在公园规划过程中，首先要坚持生态优先的原则，对城市原有的生态系统进行保护，最大限度地保护原有河流、湖泊、湿地、坑塘、沟渠等水生态敏感区，留有足够涵养水源、应对较大强度降雨的林地、草地、湖泊、湿地，从而达到对雨水“以蓄代排”的目的。同时可以在特定区域修筑植被浅沟（通常带有拦沙坝）、干塘、蓄水池、渗透区和渗滤池等，以达到蓄水的目的。在选择道路铺装材料时，充分开发利用新型材料，例如采用多孔混凝土路面代替传统的混凝土路面，同时可用透水性铺装来代替硬质铺装，通过路面透水砖、彩色沥青、卵石地板的应用，来提高路面的透水性和透气性，使雨水能及时有效地渗入地下土壤，成为地下水的涵养源，提高区域生态环境。

中华人民共和国住房和城乡建设部印发的《海绵城市建设技术指南——低影响开发雨水系统构建（试行）》中指出了海绵城市建设的技术类型：低影响开发技术按主要功能一般可分为渗透、储存、调节、转输、截污净化等几类。通过各类技术的组合应用，可实现径流总量控制、径流峰值控制、径流。污染控制、雨水资源化利用等目标。实践中，应结合不同区域水文地质、水资源等特点及技术经济分析，按照因地制宜和经济高效的原则选择低影响开发技术及其组合系统。在单项设施上，各类低影响开发技术又包含若干不同形式的低影响开发设施，主要有透水铺装、绿色屋顶、下沉式绿地、生物滞留设施、渗透塘、渗井、湿塘、雨水湿地、蓄水池、雨水罐、调节塘、调节池、植草沟、渗管 / 渠、植被缓冲带、初期雨水弃流设施、人工土壤渗滤等。

以长春市东新开河景观设计项目为例，其中河口公园在寒地海绵城市系统建设中对植物材料进行了筛选，广泛使用了千屈菜、马蔺、鸢尾、菖蒲等耐寒性、耐旱性和耐涝性强的寒地城市海绵植物材料，并优先使用缝隙透水铺装、自然石汀步等透水材料，根据因地制宜的原则让自然做功，利用河滩花园西高东低的自然条件所形成的重力流排水。雨水经过各级净化后流入旱溪湿地水系并汇入河口湿地，通过收集利用实现年径流总量控制率 90% 的控制目标。同时，经过测算，把项目周边邻近的城市市政道路管网中的雨水也接入雨水花园、渗透塘和旱溪湿地之中，通过寒地海绵系统的过滤和净化，实现年 SS 径流污染总量去除率达到 75% 设计径流污染的控制目标要求，最终为河道流域黑臭水体综合治理发挥了积极作用。

**不同类型的透水铺装**

**© 长春市东新开河景观设计 / 中邦园林环境股份有限公司 / 陈强**

## 7.7 应急避难功能

城市公园具有大面积的公共开放空间，是深受市民青睐的休闲集会活动场所，同时也是城市中不可或缺的应急避难场所，在城市的防火、防灾等方面发挥很大作用。城市公园可作为地震发生时的避难地、火灾时的隔火带；大型公园还可成为救援直升机的降落场地、救灾物资的集散地、救灾人员的驻扎地，以及临时医院所在地、灾民的临时住所和倒塌建筑物的临时堆放地等。在地质灾害频发区，一旦发生重大的自然灾害，人们则需要快速从高楼中撤离出来，选择地势平坦且周围没有高大建筑物的开阔空间作为临时栖息之地。在这种紧急情况下，人们很可能会面临场地功能分区不明确、人员无秩序、道路堵塞、无干净的饮用水供给等问题。因此在符合条件的公园规划初期，应考虑其作为应急避难空间的使用功能，合理规划空间，加强场地内的基础设施建设，为救援提供更多的便利条件。

公园的应急避难功能在日本尤为受到重视。众所周知，日本是一个地震频发的国家。1923 年的关东大地震将东京部分建筑物夷为平地，伤亡严重，其中很多遇难者是被大火烧死的。在这场震灾中，城市里的广场、绿地和公园等公共空间对阻止火势蔓延起到积极的作用，为救火争取了宝贵的时间。许多人由于躲避在公园内而幸免于难。由此，日本开始格外注重公园等公共空间的应急避难功能建设，并在城区内合理地建造公园，在道路两旁栽种绿植，同时确保消防用水供给充足，并且对市民进行防灾训练等。1993 年日本修改了《城市公园法实施令》，把城市公园提升到“紧急救灾对策所需要的设施”的高度。“防灾公园”的概念也由此而产生，即发生灾害时作为避难场所和避难通道的城市公园。

2004 年 9 月，国务院下发的《关于加强防震减灾工作的通知》提出，“要结合城市广场、绿地、公园等建设，规划设置必需的应急疏散通道和避险场所，配置必要的避险救生设施”。至此，公园防灾已列入公园绿地功能之一。

在 2008 年的汶川地震中，城市公园发挥了其应急避难功能，包括成都市人民公园、富乐山公园、都江堰水文化广场、什邡市洛水镇永兴公园等在内的城市公共空间接纳了大批受灾群众，为他们提供了临时安置场所。但与此同时，我们也看到了公园建设中的不足，例如公园数量有限，且缺乏必要的开敞空间，同时还存在缺乏必备的防灾设备、应急医疗救护设施和应急避难设施等问题。

2020 年，“新冠肺炎”疫情肆虐全球，人们更加意识到，城市建筑不宜过于密集，必须适当留白，防止火烧连营，防止疫病蔓延。

为了不断完善公园的应急避难功能，北京、深圳等城市都相继出台了关于公园绿地应急避难功能的相关建设规范，提出了总体要求、场所分类、面积指标、功能分区、设施设置、绿化种植等方面的规划设计原则。

由深圳市市场监督管理局发布的《公园应急避难场所建设规范》SZDB/

Z 305—2018）提出，应急避难设施按功能可分为医疗救护与卫生防疫设施、应急供水设施、应急供电设施、应急排污设施、应急厕所、应急垃圾储运设施、应急通道、应急标识、应急洗浴设施、应急消防设施、应急物资储备设施、应急指挥管理设施、应急停机坪和应急功能介绍设施；应急避难场所按功能可分为应急休息区、应急棚宿区、应急医疗卫生区、应急垃圾储运区、应急物资区、应急管理区、应急停车场、专业救灾队伍场地和应急直升机使用区。该规范还对各个分区应布置哪些应急避难设施做出了说明。

由北京市园林绿化局组织实施的《公园绿地应急避难功能设计规范》（DB11/T 794—2019）提出，具有应急避难功能的绿地自身的地质结构应具备稳定性，并应避开地震断裂带、山体滑坡、泥石流、蓄滞洪区等自然灾害易发生地段；具有应急避难功能的公园绿地应有不同方向的进出口，与两条以上的城市道路连接，出入口应为双向交通，以便灾时避难人员能够方便迅速地到达；世界文化遗产、文物保护单位不宜作为避难场所使用；动物园不宜作为避难场所使用。该规范还将承载应急避难功能的绿地分为紧急避难绿地、固定避难绿地、中心避难绿地，并对其面积和能够满足人员避难的时间（天）进行了规定。

一些城市公园的建设也考虑到了应急避难功能的设置，如北京海淀公园。海淀公园是北京首批应急避难场所之一，位于北京市西四环万泉河立交桥的西北角。公园入口在灾时可转换为紧急疏散入口。公园中的休闲区、体育活动区、儿童游乐区等场地面积较大，而且平坦，灾时可为应急使用，满足灾时避难需求。同时公园中还设置了标识。海淀公园为公园应急避难功能建设做出了积极的尝试。

可提供应急医疗救护场地设施的儿童游乐园

© 海淀公园 / 毕小山拍摄

可作为应急棚宿区的景观草坪

© 海淀公园 / 毕小山拍摄

## 8 公园城市建设的意义

公园城市建设是要将整个城市建造成一个大型的生态综合体，使城市仿佛存在于一个大型的公园之中。随着低碳环保理念不断深入人心，居民对于城市环境的期待也越来越高。公园城市的建设模式是通过对公园和绿地系统的合理规划、调整城市空间布局，来实现加强绿色生态建设的目的。公园城市体系的发展在提升城市生态环境、提高城市综合实力以及提升居民生活质量上均有着不可忽视的作用。

①提升城市生态环境。各类城市公园及绿地系统的存在是美化、绿化城市，改善城市生态环境的重要载体。大面积的绿植栽种对于改善城市局部气候，缓解热岛效应有着显著的效果。同时，公园作为城市的绿肺，在净化空气、防止水土流失、抑制粉尘和汽车尾气、降低辐射和噪声、有效维持城市生态平衡等方面均能起到重要的作用。

②提高城市综合实力。通过这种新型城市建设模式来实现高端要素配置中心和创新策源地建造，促进城市转型，推动城市产业结构升级调整，形成区域内的产业集群（包括重大科技基础设施集群、研究基地集群和若干功能性产业园区等），营造不同产业发展区，从而提升区域核心竞争力。纵观世界主要城市的发展，优秀的城市无不拥有充满活力的绿色开放空间。因此，环境质量的提升也有助于吸引更多高端人才的入驻，为城市经济和科技的发展增加筹码；同时也能进一步缩小城乡差距，促进城乡一体化进程，实现城市的可持续发展。

公园内的植物景观设计

© 武汉青山江滩设计 / UAO 瑞拓设计 / Holi 河狸 – 景观摄影

公园内的构筑物设计

③提升居民生活质量。城市公园就像城市的“会客厅”，作为城市居民的主要休闲活动及聚集场所。各类公园为居民们提供了充足的室外活动空间及活动设施。尤其是“新冠肺炎”疫情之后，人们对于公共社交空间及室外活动场地的需求进一步增大，加强锻炼、提高免疫力也被越来越多的居民所重视。公园承担着满足城市居民休闲游憩活动需求的重要职能，这也是城市公园的最主要、最直接的功能。与此同时，公园也是举办各种集体文化活动的场所，为传播精神文明、科学知识和进行科研与宣传教育提供了场地。这些宣传活动不仅提升了市民的整体素质、陶冶了市民的情操，也为精神文明建设做出了重要贡献。在公园城市建设中，各类公园协调共存，联动发展，有效提升了居民生活环境的质量，为其提供了相对高品质的户外活动空间，实现了公园形态与社区生活的有机融合。

公园内的儿童游乐空间

© 宁波万科芝士公园 /WTD 纬图设计 / 看见摄影 – 鲁冰

## 参考文献

[1] 吴岩，王忠杰，束晨阳，等．“公园城市”的理念内涵和实践路径研究 [J]. 中国园林，2018，34(10)：30-33.

[2] 刘源，周亘．美国纽约中央公园的营建和管理 [J]. 陕西林业科技，2012（4）：63-65.

[3] 易娱竹．“花园城市”到“城市花园”——新加坡“花园城市”建设见闻 [J]. 中华建设，2015（08）：44-47.

[4] 余志勇．城市公园景观安全性设计——以红崖寨公园为例 [J]. 现代园艺，2019（20）：120-121.

[5] 刘楠．浅谈规划设计对城市公园安全性的影响 [J]. 河北企业，2018（6）：82-84.

[6] 邱 建，江俊浩，贾刘强．汶川地震对我国公园防灾减灾系统建设的启示 [J]. 城市规划，2008，32（11）：72-76.

[7] 李彤玥．韧性城市研究新进展 [J]. 国际城市规划，2017，32（5）：15-25.

[8] 李帅．基于韧性景观的城市公园空间安全规划设计 [J]. 美与时代（城市版），2020（5）：57-58.

[9] 中华人民共和国住房和城乡建设部．海绵城市建设技术指南——低影响开发雨水系统构建（试行）[M]. 北京：中国建筑工业出版社，2014.

[10] 谢正义．公园城市 [M]. 南京：江苏人民出版社，2018.

[11] 潘家华，陈蛇．公园城市发展报告（2020）[M]. 北京：社会科学文献出版社，2021.

案例赏析
长春水文化生态园
长春市东新开河景观设计项目
武汉青山江滩设计
遂宁南滨江公园
四海公园景观提升工程
蚝乡湖公园
成都麓湖生态城红石公园
成都麓湖皮划艇航道景观
登封少林大道景观提升工程
宝安中心区四季公园
宁波万科芝士公园
北京万寿公园改造工程
广阳谷城市森林
拼图公园
武汉樱花游园景观设计

# 长春水文化生态园

**项目地点：**吉林省长春市南关区亚泰大街 7398 号
**项目面积：**$30hm^2$
**建设单位：**长春市城乡建设委员会、长春城投建设投资（集团）有限公司
**设计总包 / 策划规划 / 建筑设计：**
上海水石建筑规划设计股份有限公司设计团队：邓刚、李建军、孙震、徐光耀、金戈、金光伟
上海水石工程设计有限公司设计团队：徐晋巍、张帅、陈浩、李斌、余钢、李晖、殷金
**景观设计：**
上海水石景观环境设计有限公司设计团队：
张淞豪、王慧源、黄建军、石力、何鑫、张进省、李花文、曾杰烽、蒋婷婷、杜瑞、顾婧、李鸿基
中邦园林环境股份有限公司设计团队：
王雪松、陈强、单德江、董磊、佟玲、王丽贤、沈萍、王德东、刘玉国、李倩、宗民、孙晓桐、杨书简、方召、张宇琦、黄百花、刘畅、张婷、张琳、罗慧君、邓斌、郭静、胡广龙、闫中园、李丽媛、邢德鑫、宋恭彬、赵昕宇、张春华
**文保建筑合作：**吉林省城乡规划设计研究院
**勘察测绘：**长春市市政工程设计研究院、长春市建筑工程质量检测中心有限公司
**施工单位：**中庆建设有限责任公司、中邦园林环境股份有限公司、吉林省建筑消防装饰工程有限公司
**摄影：**潘爽、王琇、邓刚
**获奖情况：**
ASLA 美国景观设计师协会专业奖综合设计类荣誉奖
IFLA AISA-PACIFIC 国际风景园林师联合会亚太地区风景园林专业奖开放空间类杰出奖
中国风景园林学会科学技术奖规划设计一等奖
全国生态智慧城乡实践大赛一等奖

## ■ 项目概述

“30 万平方米方生态绿地，80 年长春市供水文化印记，伪满时期的历史建筑，弥足珍贵的工业遗迹。”

长春水文化生态园的前身为长春市南岭水厂，始建于 1932 年伪满时期，执行《大新京都市计划》，建立和完善了这座城市的供水系统，是长春的第一座自来水厂。水厂选址在南岭周边草木茂盛的低矮山丘上，利用场地中的 3 条冲沟建造。80 多年的岁月变迁，这里陆续建造了 7 套净水系统。经过沉淀、过滤、絮凝、消毒处理，源源不断的洁净水从这里流向千家万户，与这座城市共同成长。

< 历史上的净水厂

∧ 改造后总平面图

2015 年，原南岭水厂搬迁新址，老的厂区结束供水。2016 年，长春市政府希望针对水厂旧址进行改造，从而使其适应新的城市发展需求。经过初步勘测，场地内共有 80 多幢建筑，其中 18 幢为伪满时期历史建筑。

＜ 长春南岭净水厂改造后整体效果

作为长春市二级文物保护院落，开放后的园区为市民提供了新的生活空间。在这 32hm$^2$ 的场地内，市民与历史建筑、原生动植物和谐共生。设计师深知场地遗迹与原有生境对于整个公园乃至城市的重要价值及文化意义，因此对原生环境尽可能地尊重与保留，最大化利用场地原有特征开展设计。公园于 2018 年 10 月对市民开放。

< 下沉雨水花园：由封闭沉淀池改造成的下沉公共空间

## ■ 设计理念与特色

“最大限度保留原生态自然环境，最大限度尊重历史痕迹，最大限度融入当代生活方式。”

设计师们将传统设计阶段向前后延伸，在传统方案设计之前重点开展了前期调研、可行性研究以及项目策划。其中，大量的项目调查和前期研究贯穿了再生项目的多主体、多维度，是设计重要的前置条件研究。在设计阶段，设计师们综合了规划、建筑、景观、室内等多专业。比如建筑设计就涵盖了文保建筑改扩建以及新建等多种技术工作；景观设计包括了生态修复、雨洪管理、水环境治理、动植物多样性研究等多方面。跨专业的无缝对接促进了设计协同，有助于形成再生设计中的整体性。此外，针对再生设计中的实战型问题，设计师还就前期条件、价值分析、成本控制等多方面进行了专题研究，提出了“城市再生综合能力”。在上述流程与能力的辅助下，他们有序推进了长春水文化生态园项目的一体化设计。

∧ 露天沉淀池鸟瞰

∧ 由露天沉淀池改造成的生态休闲湿地

改造后的长春水文化生态园，不仅是功能和形式的植入与置换，还实现了南岭自来水厂的重生。这是产业结构调整后的经济再生，是人与环境、城市的共生。设计师最大限度保留了原生态自然环境，尊重历史痕迹，融入当代生活方式。设计突出三方面特色：首先，以景观思维统筹规划、建筑、景观、艺术装置等多专业；其次，景观设计突出系统性，形成了慢行系统、原址动植物生态系统、水生态自净化系统；第三，严格控制设计强度，突出功能化和人文感。

## 详细设计与措施

“一场工业遗迹文化的记忆，一个城市自然绿肺的复苏，一次历史建筑群落的重生，一次市民休闲生活方式的激活。”

### 1. 重构整体的生态系统

（1）人与动植物的共生

城市活动的涌入势必会对原生环境产生冲击。但园区内的生态连接线将场地原有的冲沟、建筑、森林、露天水池及城市界面有机串联，并植入了丰富的社交场地，共同构建园区游览体系。设计师针对植物群落的组成、数量、分布格局、栖息生境、生态习性及季节动态展开研究，清除场地内侵占力强的树种，补充大量本土植物，配置特色植物群落，如香蒲、芦苇、菖蒲、莎草、再力花、千屈菜等组成的水生植物群落，五角枫、蒙古栎、水曲柳、桃叶卫矛、连翘等组成的阔叶混交林，东北长白松、樟子松、落叶松、东北红豆杉等组成的针叶混交林，等等。尽量避免其他优势物种入侵对有现有植物群落的破坏，以确保生态系统的多样性和稳定性，并为本土动物提供栖息繁衍的场所。密林中的空中栈桥在为游人带来独特感官体验的同时，也为公园内原生的动物提供了栖息及迁徙的廊道，形成了人与动植物共存的生态结构，成为城市与自然环境融合的典范。

∧ 由露天沉淀池改造成的生态休闲湿地

∧ 小松鼠回到了原住地

∧ 原生材料的二次利用

∧ 原生材料的二次利用

设计师利用场地 35m 落差，通过原始雨水冲沟、沉淀池及水体净化系统构建雨洪体系；原生材料被二次利用，清理的枯树等被作为养料还给森林和土地，废弃的木方、石料也转化成公园铺装材料，从而最大化减少碳排放量。

（2）景观化的雨水调蓄系统

场地原有的池体管道除了净化水源以外，还是园区特有的雨洪净化系统。设计师重新利用场地落差和池体，通过地表径流、雨水花园及池体净化系统，使整个园区实现自净化。

原有露天水池被充分利用，不仅恢复了原有蓄水功能，还通过亲水栈桥、水生植物、亲水平台等赋予场地生态湿地功能，同时实现了历史的充分再现及人与环境的充分互动。

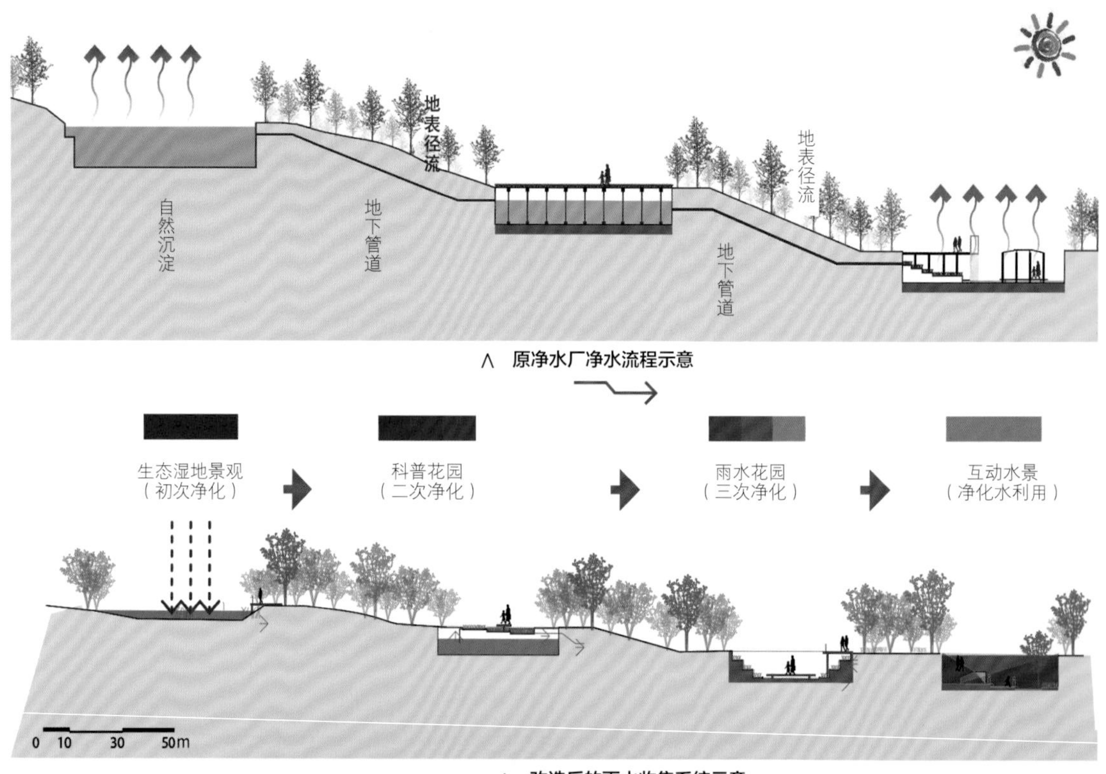


∧ 原净水厂净水流程示意

∧ 改造后的雨水收集系统示意

∧ 由露天沉淀池改造成的生态休闲湿地

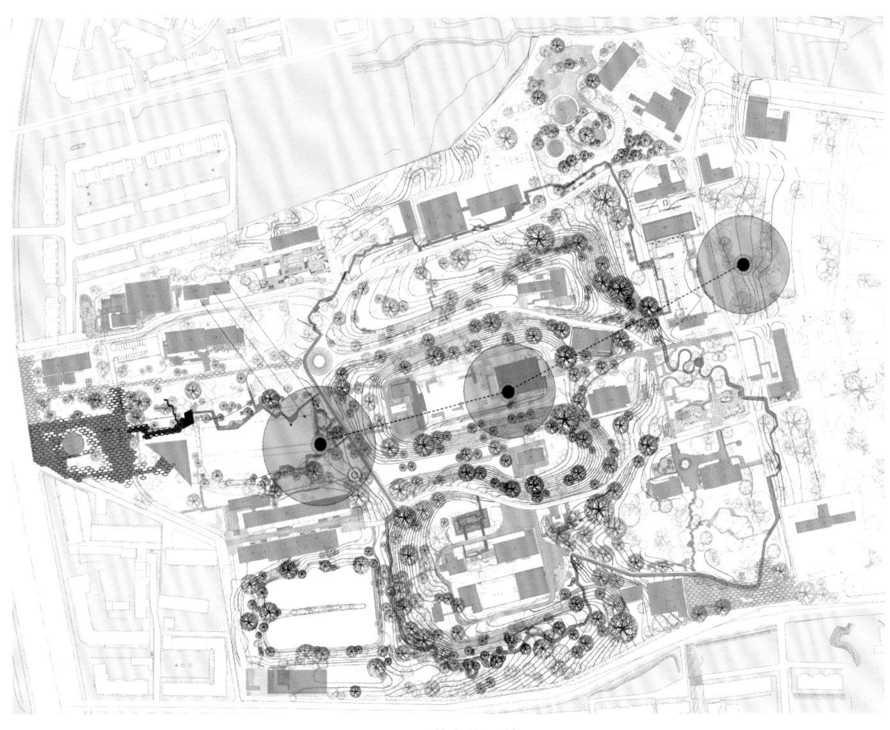

∧ 雨洪净化系统

## 2. 活化整体的场所空间

（1）沉淀池活化中的总体艺术：基于策划的地下水空间再利用

蓄水池是园区的标志性遗址空间，现场情况比较复杂，地下空间的情况和管道很难摸排清楚。设计师们按照年代、历史价值、场地情况等要素对其进行分析，采用了两种类型的设计处理方式。

（a）下沉雨水花园

（b）艺术广场

∧ 同一类型的下沉水池：不同的设计理念、不同的历史遗迹利用方法

∧ 下沉雨水花园：掀开顶盖

∧ 艺术广场：池体顶盖覆土层利用

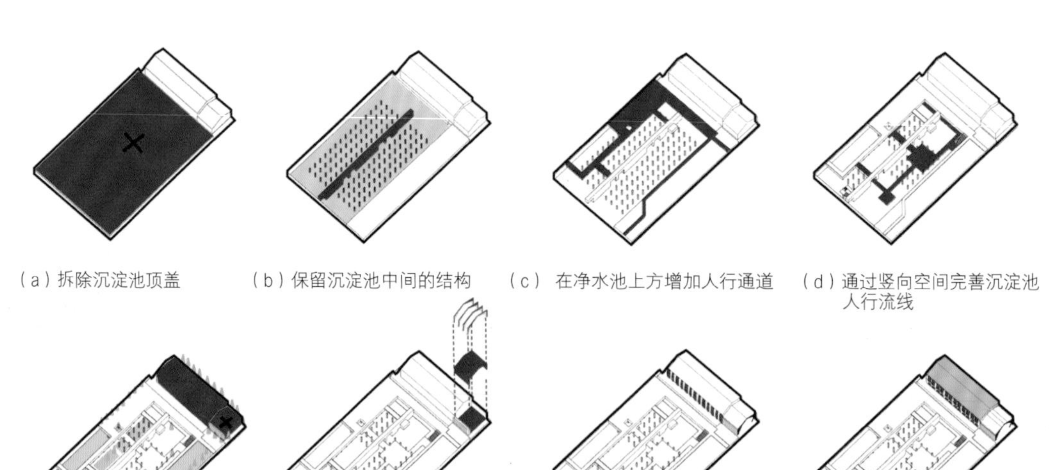

（a）拆除沉淀池顶盖

（b）保留沉淀池中间的结构

（c） 在净水池上方增加人行通道

（d）通过竖向空间完善沉淀池人行流线

（e）保留植被，创造净水收集系统，第三送水车间拆除小房子屋顶和主入口界面外墙

（f）插入锈钢板和预制木结构

（g）南立面新材料引入增加其立面错动变化

（h）窗户替换，在内部空间进行插层

∧ 水净化利用展示系统

∧ 封闭沉淀池保留原有结构打造下沉雨水花园

第一种，人工干预：掀开顶盖，展现水池地下结构空间。

设计师掀开池子的过程充满了各种不确定性和惊喜。池底场地痕迹被大部分保留下来，并在此基础上增加了必要的景观设施。作为唯一被打开顶盖的水池，有太多的内容需要承载和表达。水池将北侧充满仪式感的老建筑和南侧的新建筑融合在一起；原有 2m 高的通风道被改造为景观通道；钢格栅的立体交通让上下两层空间更加连通。

∧ 下沉雨水花园中的装置艺术

∧ 由原有通风道改造而成的景观通道

∧ 下沉雨水花园：水净化与水利用的空间对话

旧的池壁、钢板、木格栅、玻璃等材料被并置在同一个空间，与环境充分融合。通道下的墙体将水池分成两个空间，一侧是结合了雨水花园和趣味净水设施的体验区，另一侧是柱阵与喷水雕塑形成的艺术空间。

满是水锈的墙体至今保留着斑驳的肌理，水池底原有的柱子作为场地的遗迹被大部分保留下来。

∧ 充分保持原有的历史痕迹，并予以功能化处理

第二种，低强度影响：保留地下池体结构，以池体顶盖覆土层利用为主。

设计上延续、保留了场地的结构特征和肌理，清除池体上的杂草，结合艺术装置。工业遗存构件的植入，形成了充满活力的多功能草坪空间。建成后的草坪空间被市民充分利用，公共艺术展示、集会等丰富的活动在此开展。

（2）复合型慢行系统

景观设计突出系统性，结合原址动植物生态环境，严格控制设计强度，形成了慢行系统。慢行系统将场地内原有的冲沟、建筑、森林、露天水池及城市界面有机串联，并植入了丰富的社交场地，共同构建园区游览体系。

∧ 艺术广场

∧ 艺术广场具有多元化功能的公共活动空间

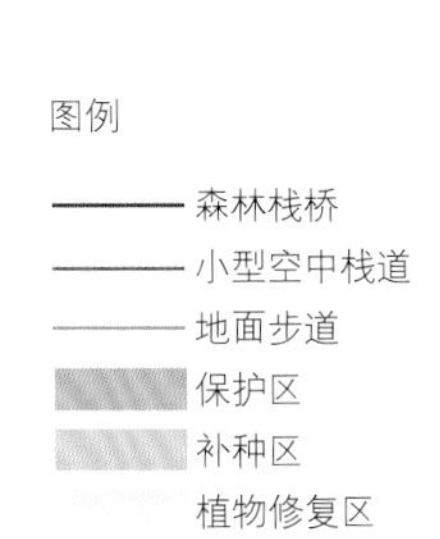

∧ 复合型慢行系统

∧ 森林栈桥

密林中的空中栈桥为游人带来了独特的感官体验，也为公园内原生的动物提供了栖息及迁徙廊道，形成了人与动植物共存的生态结构。

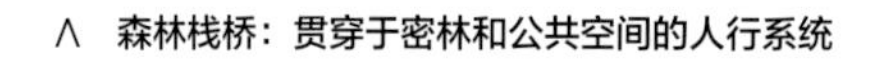

∧ 森林栈桥：贯穿于密林和公共空间的人行系统

∧ 人们在城市“绿肺”中漫步

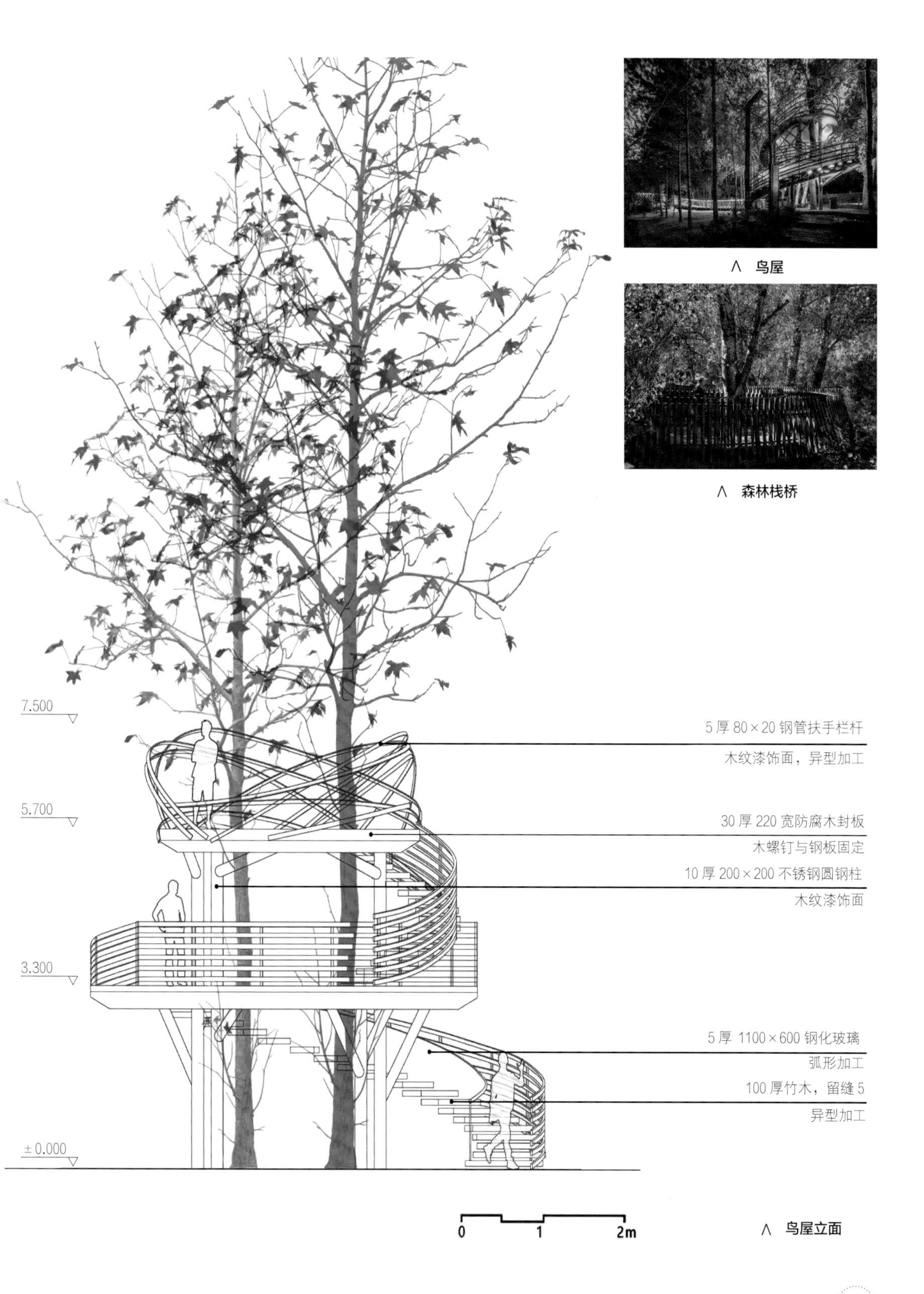
7.500
5.700
3.300
±0.000
5 厚 80×20 钢管扶手栏杆
木纹漆饰面，异型加工
30 厚 220 宽防腐木封板
木螺钉与钢板固定
10 厚 200×200 不锈钢圆钢柱
木纹漆饰面
5 厚 1100×600 钢化玻璃
弧形加工
100 厚竹木，留缝 5
异型加工
0
1
2m

∧ 鸟屋

∧ 森林栈桥

∧ 鸟屋立面

### 3. 再生整体的建筑系统

（1）延续历史与文化记忆：基于风貌协调的设计

设计师通过对场地工业肌理、历史文脉的保护和利用来突显项目所在地的特征及历史记忆。结合实际情况，将场地内的净水系统及建筑组团进行保护和修缮，保留了场地内的大乔木、工业建筑、净水池体等原生要素，并将其打造成水净化工艺博物馆，让市民能够了解净水工艺和流程，充分感受 80 多年前的空间场景，增加对场地的历史记忆。

∧ 净水互动乐园改造前（左）与改造后（右）对比

①历史的苏醒：风貌建筑的留存。长春净水厂原有 80 多幢建筑，其中 18 幢为伪满时期保护建筑。设计师本着尊重建筑历史的原则，针对厂区内不同类型的建筑，在设计上也会采用不同的手法。对这些老建筑均以还原为主，保护其历史原貌，保证外立面不变。

∧ 第一净水车间文保建筑（净水博物馆）改造前（左）与改造后（右）对比

∧ 第三净水车间文保建筑改造前（左）与改造后（右）对比

②修复的力量：表皮的新衣。针对部分保留建筑，设计师根据建筑本身的空间、特点以及重要性，运用了修缮修复、装饰设计、改造扩建三种类型的手法对其进行改造。

∧ 第三送水泵站改造前（左）与改造后（右）对比

∧ 第四送水泵站改造前（左）与改造后（右）对比

③新生代崛起：新功能与现代感。新建类型的建筑主要为生态园区内的配套用房，如功能强大的立体停车场、具有年代感的红砖建筑等，在满足现代功能的前提下，又强调符合整个园区调性。一些通过修复改造的建筑，其表皮的现代感赋予了园区新的活力。

∧ 投氯井室拆除前（左）与新建后（右）对比

∧ 七净投药室（游客服务中心）拆除前（左）与新建后（右）对比

（2）工业遗迹与自然的融合

尊重场地特性的设计减少了开发带来的二次破坏。设计师尽量保护原有的场地材料和场地特征，并重复利用遗迹材料，让园区在新生中也能带有历史的痕迹。场地内，植物与工业建筑共存，生长的爬藤是建筑的绿色表皮。

场地中的废旧机器也得以保留利用，被赋予新的艺术形象，让每一位来访者都能在此感受原始净水工艺，让历史与现代无缝对接，与市民与环境产生了新的城市话题与共鸣。

∧ 植物的原生状态，老建筑的历史肌理

∧ 工业遗迹与自然的融合

∧ 南沉淀池标志

∧ 旧材料的保留利用

< 旧材料的保留利用

### 4. 完善产业结构调整：基于运营思维的设计

运营思维的核心是价值综合平衡，价值驱动是再生项目中具有整体性影响的因素。在本项目中，建设强度控制和功能业态配比为关注重点。这两方面与项目的投入及收益密切相关。对于这个具有天然良好生态条件的文保项目，设计师们严格控制建设量，以原有建筑总量为上限，不新增加建筑量，依据不同项目的收益状态，按照经营性、半经营性、公益性三类，进行了项目的动态收益平衡分析，并基于此提出了项目业态配比方案，以促进项目长期稳定运营。园区建筑融入文创办公、商业、艺术中心、博物馆、展览馆等业态，形成开放化、功能化、生态化的创意办公产业群。产业结构的调整带动存量土地的转型，激活了周边地块的土地价值。

∧ 雨水花园配套服务中心

∧ 三净投药室（改造的文创商业）

∧ 第四总水泵站（改造的文创办公）

∧ 五净投药室（改造的文创办公）

∧ 园区鸟瞰

## 项目建成后的评价与意义

“因水而生的建筑和场地，中国城市再生及工业遗产保护新典范。”

长春水文化生态园的设计给场地和城市带来了积极广泛的影响，为市民建立了城市归属感和自豪感，激发了城市老工业区及区域社区的活力，实现了市民与自然环境和历史遗迹的和谐共生，为政府对老城区、老工业区的市民生活质量改善、环境治理、产业结构调整带来了新的思路。在园区开放的半年内，办公租金稳健增长，社会群体活动持续不断。长春水文化生态园的建成带来的不仅仅是城市中心宝贵的绿色森林，更是城市服务设施的完善。随着商业业态的更新带动城市区域升级，这一区域必将成为城市中最具影响力的场所。

# 长春市东新开河景观设计项目

**项目地点：**吉林省长春市
**项目面积：**291.38hm$^2$
**建设单位：**长春市城乡建设委员会、长春城投建设投资（集团）有限公司
**景观设计公司：**中邦园林环境股份有限公司
**景观设计团队：**陈强、单德江、董磊、王雪松、佟玲、沈萍、王丽贤、王德东、刘玉国、孙晓桐、何昌泽、李倩、宗民、张琳、闫中园、陈聪、杨雷、杨书简、王星凯、邓斌、张宇琦、刘畅、张婷、罗慧君、郭静、邢德鑫、宋恭彬、宋泽宁、任玉婷、王韬志、赵昕宇、张春华
**景观设计合作：**戴水道景观设计咨询（北京）有限公司
**景观设计合作团队：**吕焕来、陈赛、周鹏、朱珍蓉、Stefan Bruckmann
**景观施工单位：**中邦园林环境股份有限公司
**摄影：**陈强、吴贵权

## 项目概况

伊通河是长春市的母亲河。市政府自 2015 年以来，结合城市 75 处黑臭水体治理契机，提出以“生态为本、综合治理”的治理思路，以打造“城市安全生命线、绿色宜居生态轴、美丽长春景观带”为治理目标，开启了一次大规模的伊通河流域整合治理工程。

东新开河是伊通河水系东侧的重要支流，范围从净月甘大山至入伊通河口，主河道全长约为 16km，河道两侧绿带宽度以 60~120m 为主，景观工程占地面积约为 291.38hm$^2$。

∧ 河口公园飞鸟桥河口栖息地航拍实景

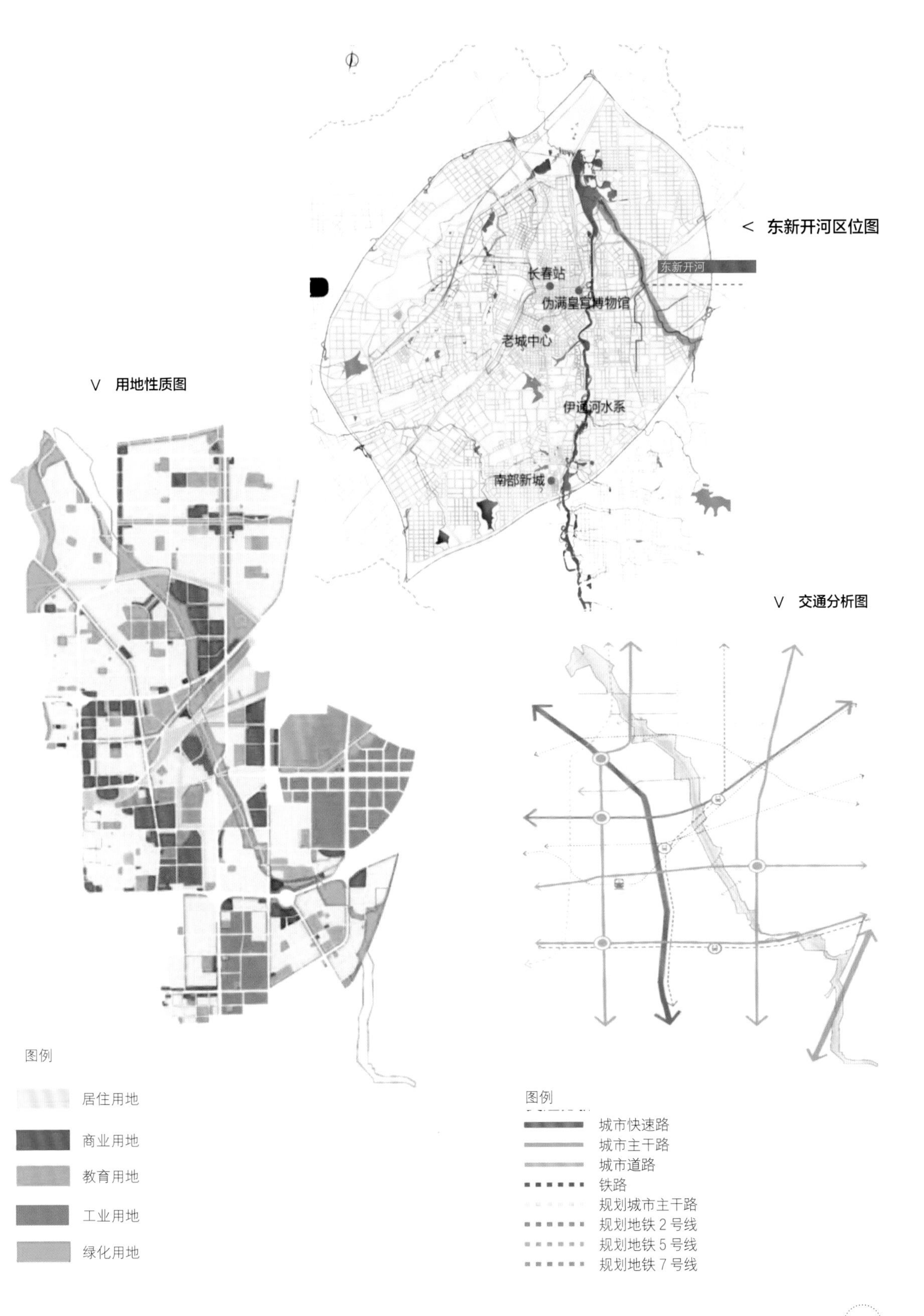


< 东新开河区位图

∨ 用地性质图

∨ 交通分析图

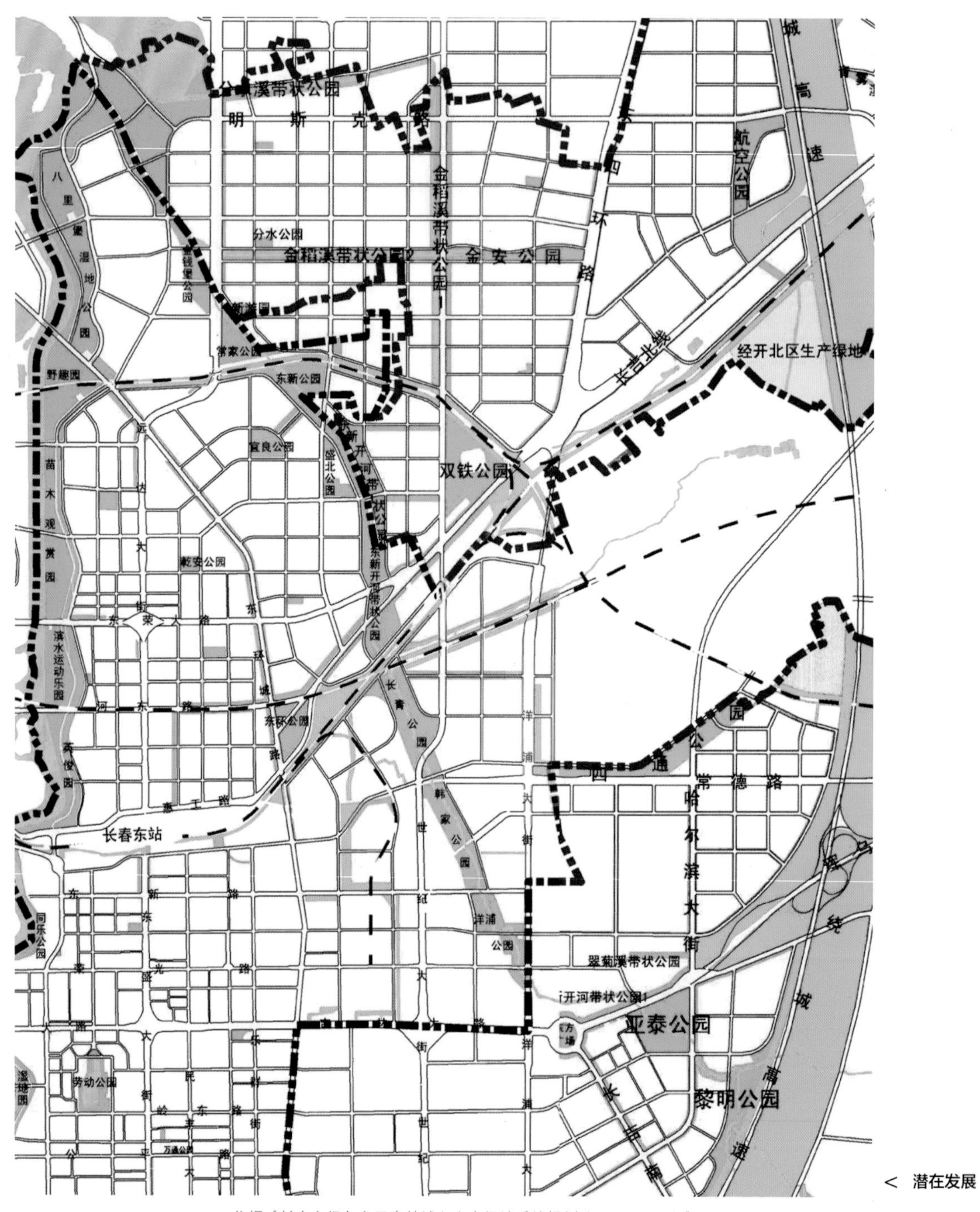

< 潜在发展

依据《长春市绿色宜居森林城之生态绿地系统规划（2013-2030）》
公园性质说明

| 公园名称 | 公园类型 |
|---|---|
| 河口公园（金钱堡公园） | 滨水带状公园 |
| 常家公园 | 休闲娱乐综合公园 |
| 洋浦公园 | 滨水带状公园 |
| 城投体育公园 | 休闲娱乐综合公园 |

项目周边以居住用地为主，商业用地为辅，也分布少量教育用地；服务人群主要为沿线两侧居民；项目用地与城市主次干路、绿道系统、地铁、快速路等联系紧密，交通十分便捷。同时，在《长春市绿色宜居森林城之生态绿地系统规划（2013-2030）》中，该项目定位为重要的城市景观生态廊道以及生态休闲服务系统。

总体设计在充分考虑东新开河区域沿线城市开发时序与使用者需求的前提下，采用渐进性构建城市开放空间的思路；同时，为了使整个场地满足不同功能定位及周边区域环境需求，并使公园绿地均匀分布，设计重点打造了门户生态核心段河口公园、都市活力带常家公园、城市文化带洋浦公园、森林运动核心区城投体育公园四大核心公园。在四座公园之间、河岸两侧近期市民需求程度较低的区域，以“时间孕育公园”的思路进行景苗兼用林生态串联，实现短期时效与长远规划相结合，给未来建设预留空间，体现公园城市因地制宜、因“时”制宜的弹性设计理念。

∧　项目建设前的东新开河

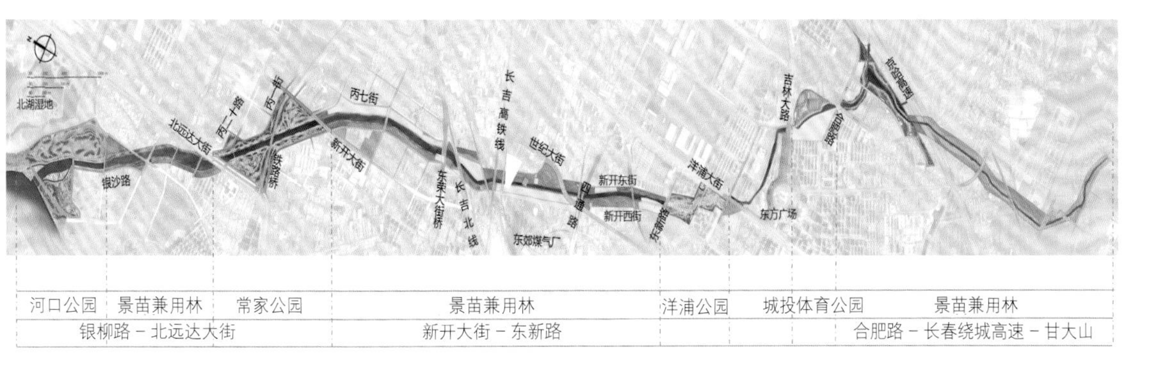


∧　东新开河景观设计总平面图

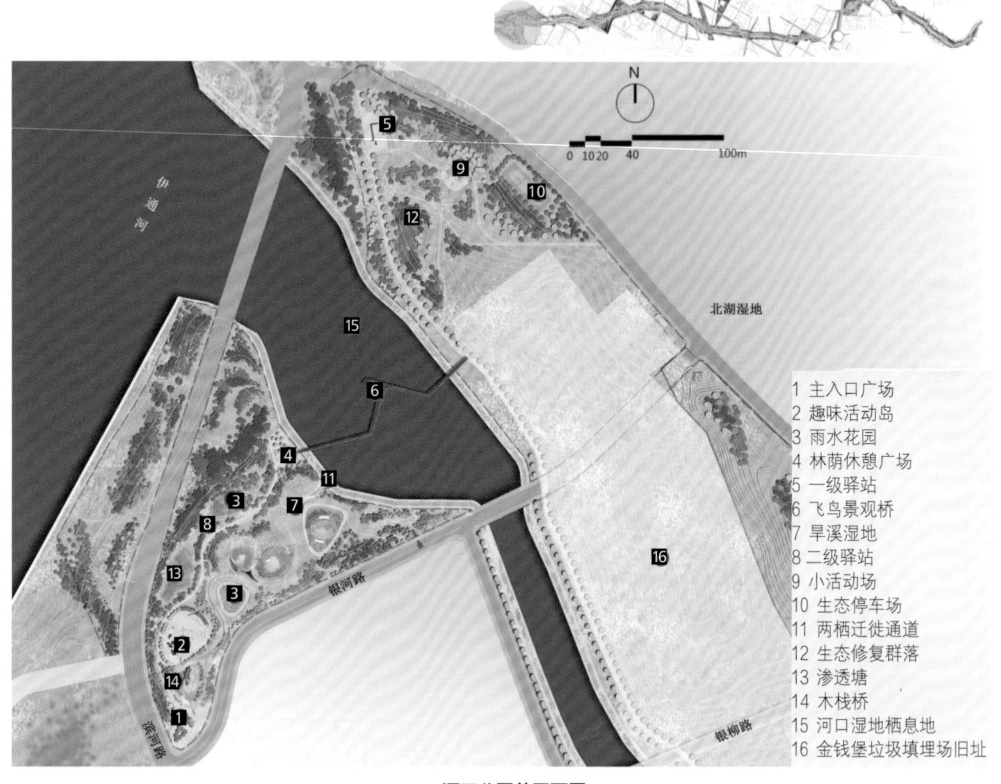


∧ 河口公园总平面图

∧ 河口公园鸟瞰效果图

河口公园位于东新开河与伊通河主河口汇流处，是重要的生态核心节点，规划面积约为 $38hm^2$，主要由河滩花园区、河口湿地保育区、生态修复区、滨河观景带等分区组成。

洋浦公园位于东新开河与洋浦大街的交会处，是重要的城市文化节点，规划面积约为 $50hm^2$，主要由春晖园区、凝翠园区、绚秋园区、清夏园区等分区组成。

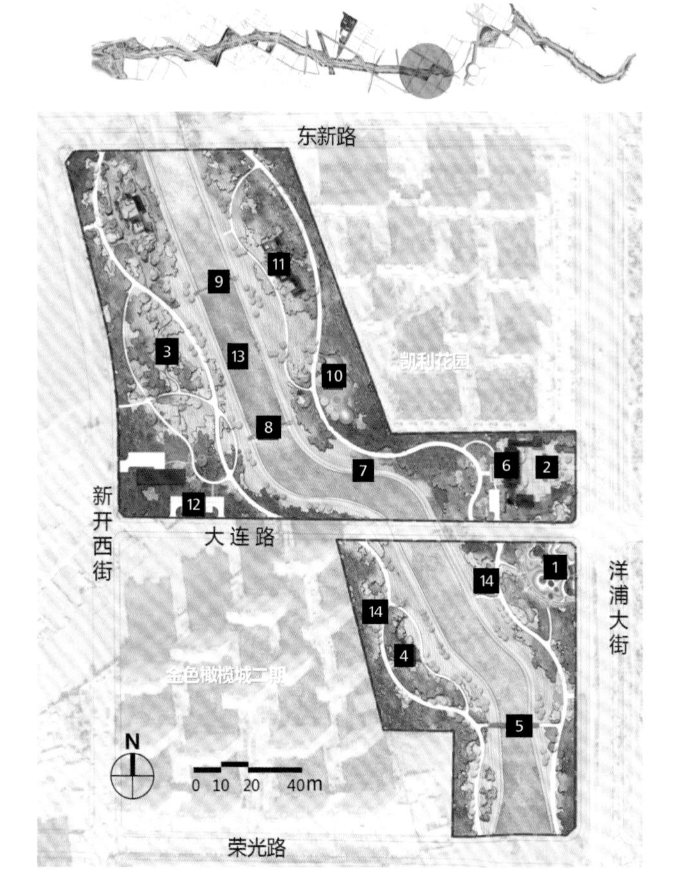


1 山水广场
2 牌坊门
3 听雨亭
4 涵秋亭
5 远香桥
6 芳桃居
7 滨水慢行绿道
8 汀步坝（壅水坝）
9 汀步坝（跌水坝）
10 童乐园
11 万卷堂
12 生态停车场
13 湿地景观
14 休闲场地

< 洋浦公园总平面图

< 洋浦公园全景鸟瞰效果图

< 远香桥实景

城投体育公园位于东新开河与机场路交会处，是城市森林运动核心节点，规划面积约为 16.8hm$^2$。主要由入口广场服务区、综合运动训练区、市民休闲生活区、阳光草坪漫步区、密林富氧景观区等分区组成。

1 人行入口广场
2 入口标识
3 原洗浴楼改造（建筑）
4 人行次入口
5 原工厂楼改造（建筑）
6 林荫慢跑道
7 足球场（人造草坪）
8 阳光草坪
9 非机动车停靠场地
10 现状林带（杨树林）
11 停车场
12 原二层楼改造（建筑）
13 原室内足球场地改造（建筑）
14 景观微地形
15 户外攀岩墙
16 林间汀步路
17 五人足球场
18 主入口广场（名将之路）
19 景观桥
20 保留市场
21 一级驿站
22 停车场

∧ 城投体育公园总平面图

< 林荫慢跑道实景

∧ 户外攀岩墙实景

∧ 足球场实景

< 城投体育公园鸟瞰效果图

< 绿洲广场实景

常家公园位于东新开河与北远达大街交会处，是都市活力带核心节点，规划面积约为 57.5hm$^2$。主要由全民健身区、休闲游憩区、林间漫步区、密林富氧区等分区组成，营造成为一个全年龄段市民的休闲空间。

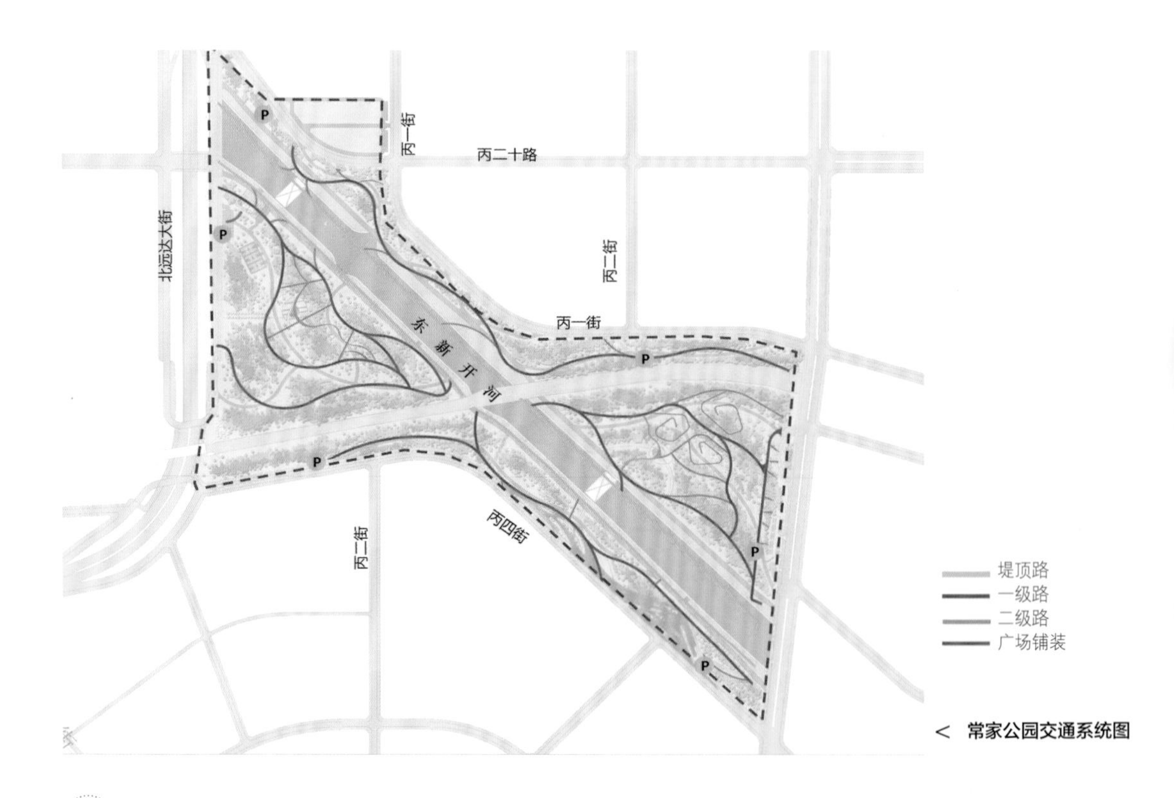


< 常家公园交通系统图

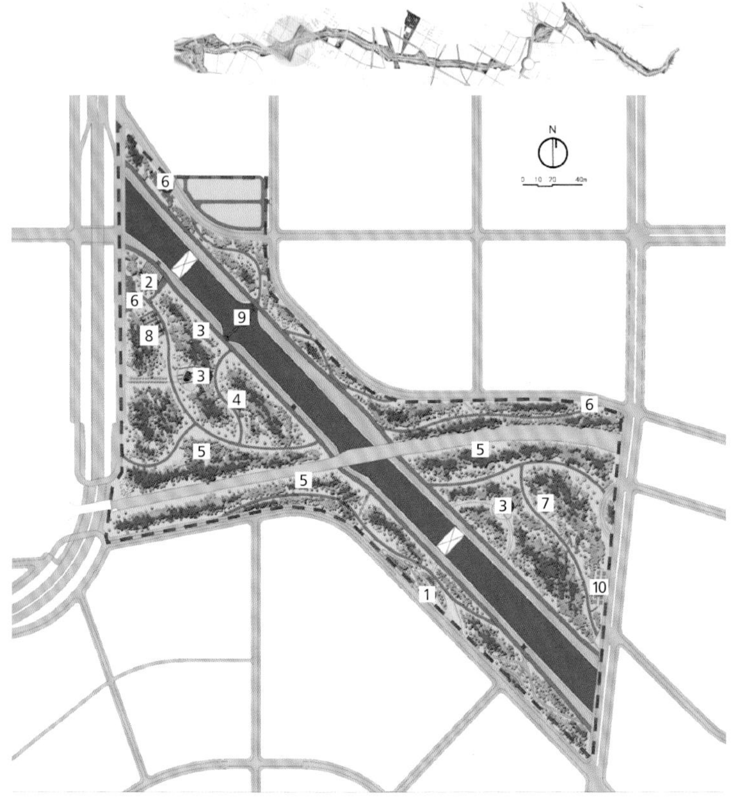

1 绿洲广场
2 一级驿站
3 趣味场地
4 趣味沙坑
5 听松林
6 生态停车场
7 幽林小径
8 预留球场
9 景观桥
10 生态停车场

< 常家公园总平面图

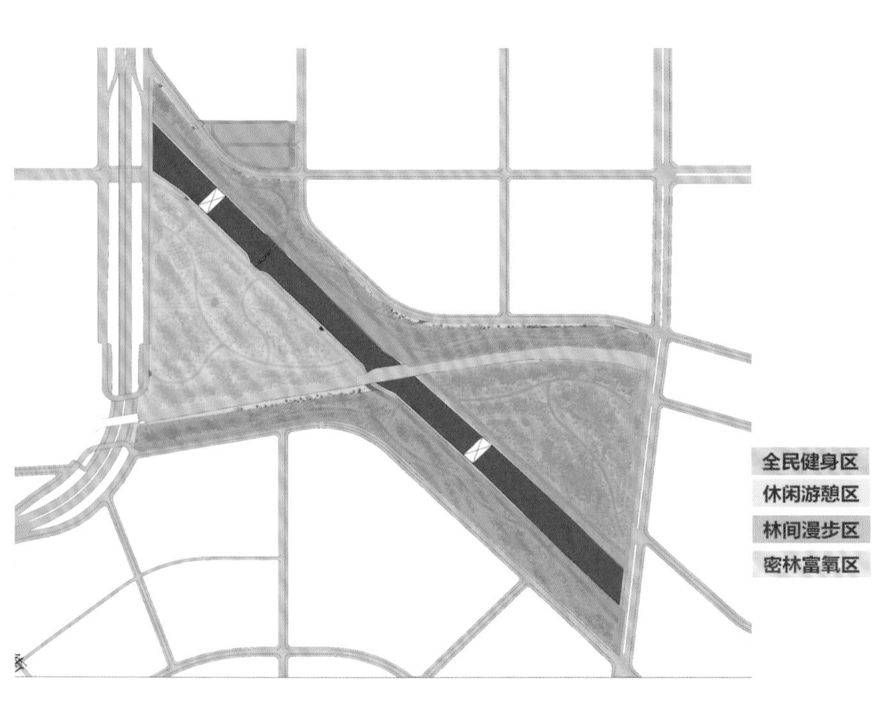


< 常家公园景观分区图

< 常家公园鸟瞰效果图

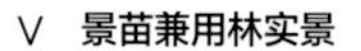

∨ 景苗兼用林实景

景苗兼用林位于四座公园间的连接区域，规划面积约为 128hm$^2$。

## ■ 设计理念与特色

### 1. 设计理念

依据公园城市的发展新理念，结合《长春市绿色宜居森林城之生态绿地系统规划（2013-2030）》总体规划，通过对东新开河两岸城市用地的功能分析，运用景观空间的整合互动，将城市引入水岸，将水岸融入生活，打造河岸边的花园、社区间的水廊；功能更新契合周边居民需求，激发宜居生活氛围。最终实现充分发挥绿色空间、提升城市环境品质和激发城市活力氛围的功能，进一步满足人民日益增长的对美好户外活动的需要，实现“城园融合”的新型城市发展目标。

以生态优先为指引，积极倡导低能耗、高韧性、可持续的设计理念，并将其贯穿于景观建设之中；同时，以人民为中心，为生活而设计，提高城市公共服务质量，最终打造一条蓝绿交织、绿色宜居的生态绿河谷。

设计主题：展生态之翼，绘宜居河谷。

景观结构：“一廊、两带、四核心”的功能结构体系。“一廊”是指横穿城市的生态绿廊系统；“两带”是指都市活力与生态滨河景观带；“四核心”是指依据整个场地的不同功能定位及周边区域环境需求，形成的门户生态核心段河口公园、都市活力带常家公园、城市文化带洋浦公园、森林运动核心区城投体育公园，并通过景苗兼用林进行生态串联。

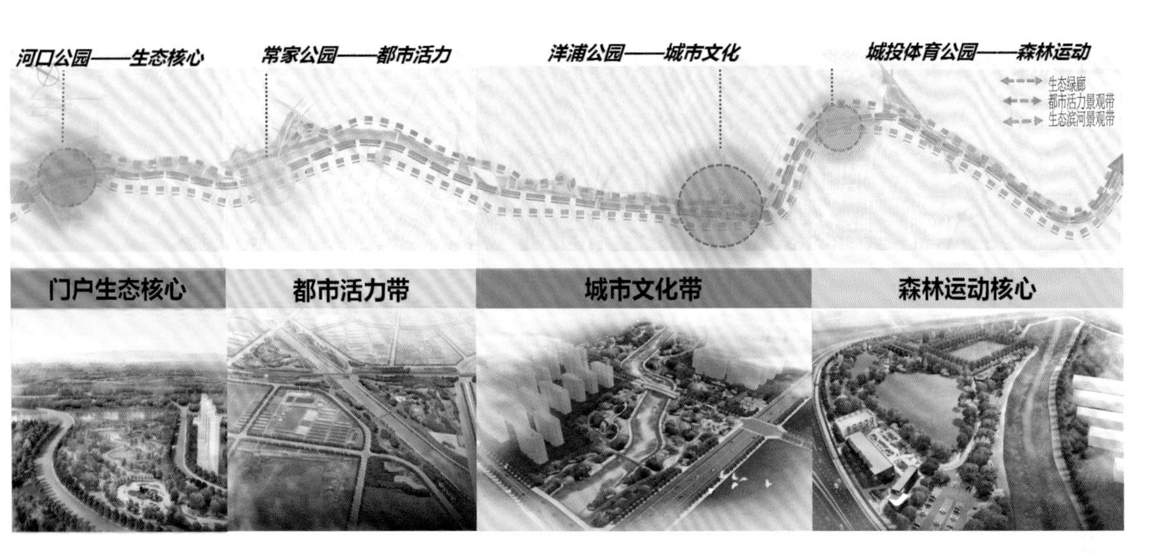


∧ 景观结构图

**2. 设计特色**

结合公园城市理念，该项目主要形成以下五个方面的特色。

（1）健全优质便民服务设施

结合周边用地性质与规划定位，大力拓展滨水活动的各种可能性，形成多类型、多元化、多节奏、多体验的滨水便民服务体验带，实现从城市界面到生态绿地的多层级空间变化。探索发展休闲、便捷、多元的生活性服务业态功能，实现以人民为中心的普惠公平和活力多元。具体打造了飞鸟景观桥、趣味活力岛、芳桃居广场等富有特色的便民服务设施。

（2）营造寒地海绵绿洲

项目用地位于寒地城市，设计师通过对寒地城市海绵植物及铺装材料设施的研究，实现了寒地海绵城市绿色体系的可持续发展。绿地内全域设置海绵系统，优先使用简单、非结构性、低成本的源头径流控制生态海绵设施，积极探索和建设“自然积存、自然渗透、自然净化的寒地海绵城市绿洲体系”，发挥城市公园的海绵功能。具体打造了河滩花园、山水广场等一批具有寒地海绵典型特征和富有创新性的海绵示范性工程。

（3）构建可持续生态系统

将保护生态放在首位，采用生态设计手法，优先选用经济节约的乡土植物材料、构建稳定的植物群落以及采用先进的生态工法技术等，维护生态平衡，促进人与自然和谐共生。通过生态增值、生态赋能、生态低碳，实现以生态产品供给普惠民生。通过引入国际先进的生态护坡工法系统以及低维护乡土植物材料的大量运用，实现可持续、高韧性生态系统的构建。

（4）打造城园绿道共同体网络

滨水绿带的绿道系统除了串联场地内各大主题公共空间外，更重要的是作为连接线将公园有机融入城市空间结构，实现绿地格局与城市结构的耦合与协调，实现绿地与城市功能的依附共生；并通过因地制宜、灵活设置三级绿道体统最终形成开放、连续、渗透成网、城园一体的城市绿道网络。

（5）探索城市更新与业态耦合

在充分挖掘场地内原长春亚泰足球俱乐部等遗留废弃园区价值的基础上，设计重拾场地记忆，以足球文化为主线，以建筑资源活化与再生为抓手，对现有建筑物进行改造利用，置入多种业态，凸显人与自然互动，促进生活方式的提升与改变，探索城市活动与产业结构升级充分融合的再生模式，打造一处室内外一体的全民健身公园。

## 详细设计与措施

### 1. 健全优质便民服务设施

（1）人行景观桥设施

①河口公园飞鸟景观桥。河口公园中部，在保留现有河口湿地生物栖息地基础上，飞鸟景观桥通过“轻设计”的手法，以“生态之翼”为主题，结合城市生态阳台、休闲廊架、休闲坐凳、芦苇栏杆等元素，在入口设置供残疾人和自行车使用的无障碍人性化坡道等，形成集交通、休闲、观景、摄影、科普、健身等多功能于一体的便民服务设施，形成人与生态环境和谐的体验空间。同时，飞鸟景观桥与西侧市政大桥遥相呼应，形成城与园互相渗透的地标性景观，打造了城市生态客厅功能，极大地提升了开放空间活力，成为市民拍摄落日的最佳打卡地之一。桥长约341m，宽4~9m，钢结构。

∧ 飞鸟休闲廊架实景

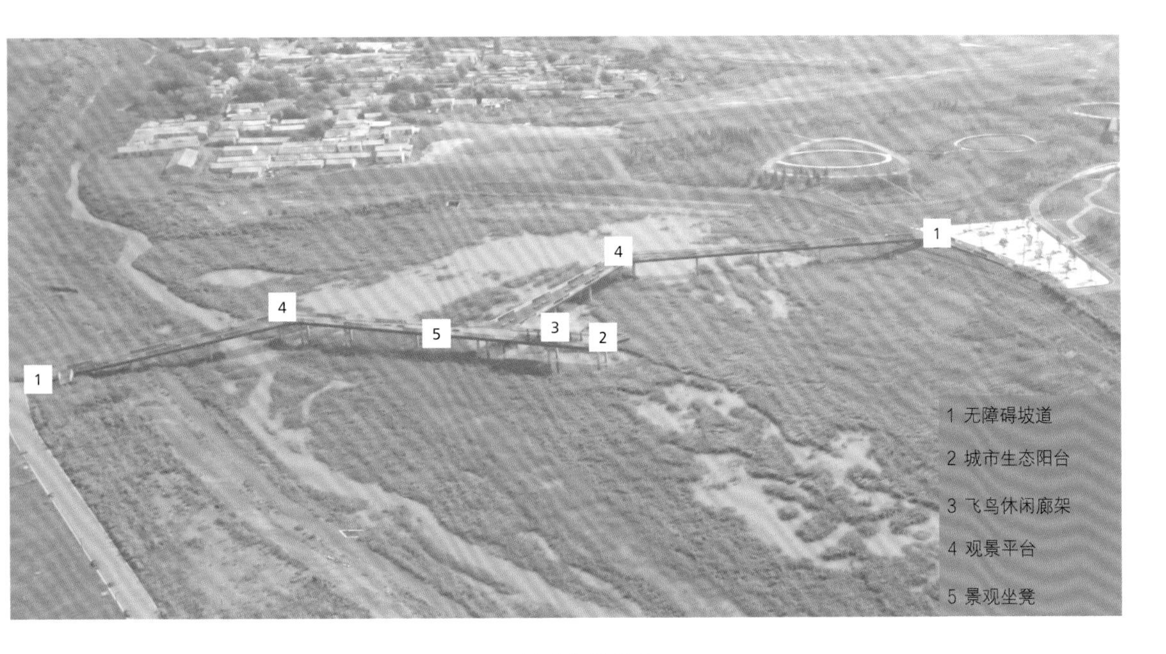


∧ 飞鸟景观桥总平面图

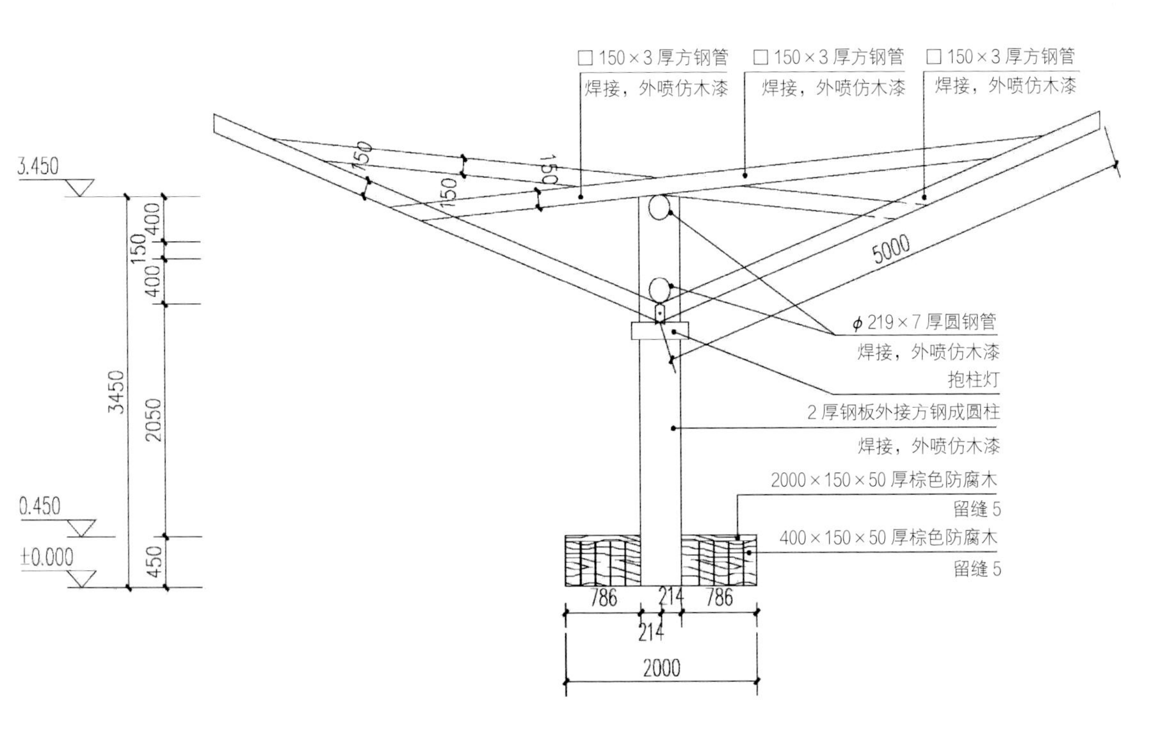


∧ 飞鸟休闲廊架侧立面图

∧ 飞鸟休闲廊架实景

∧ 飞鸟休闲廊架效果图

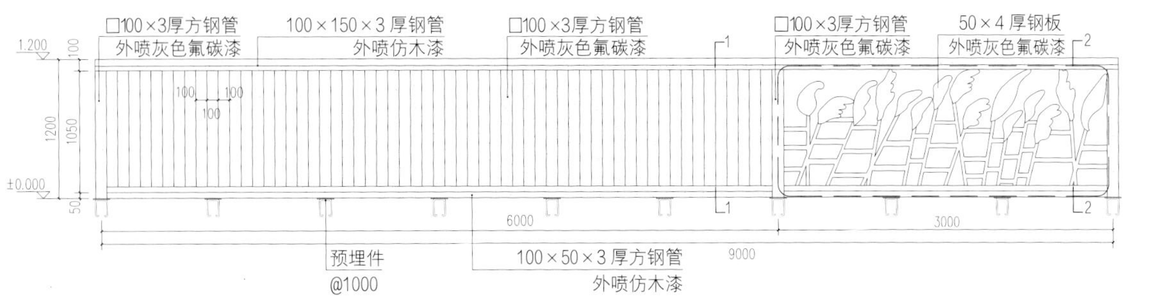


（a）立面图

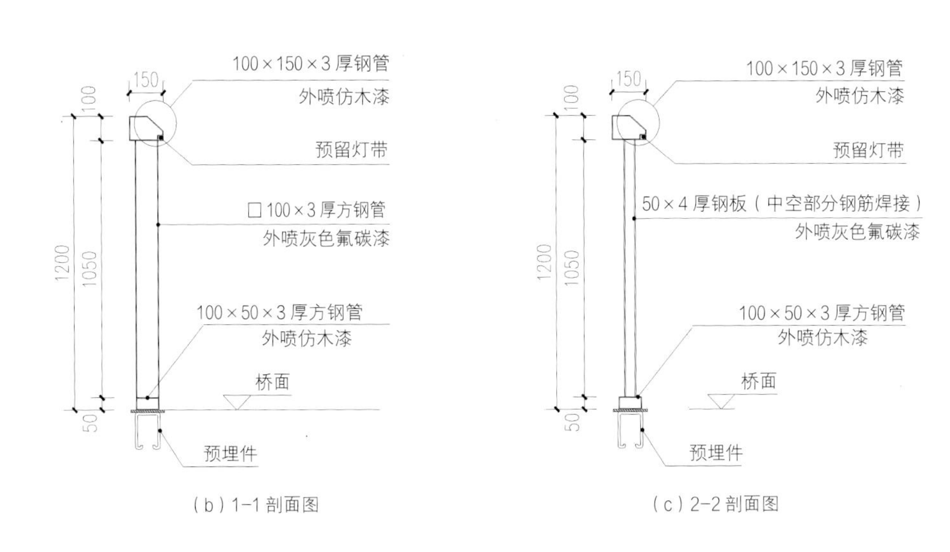


（b）1-1 剖面图

（c）2-2 剖面图

∧ 飞鸟景观桥芦苇栏杆详细设计

∧ 飞鸟景观桥芦苇栏杆实景

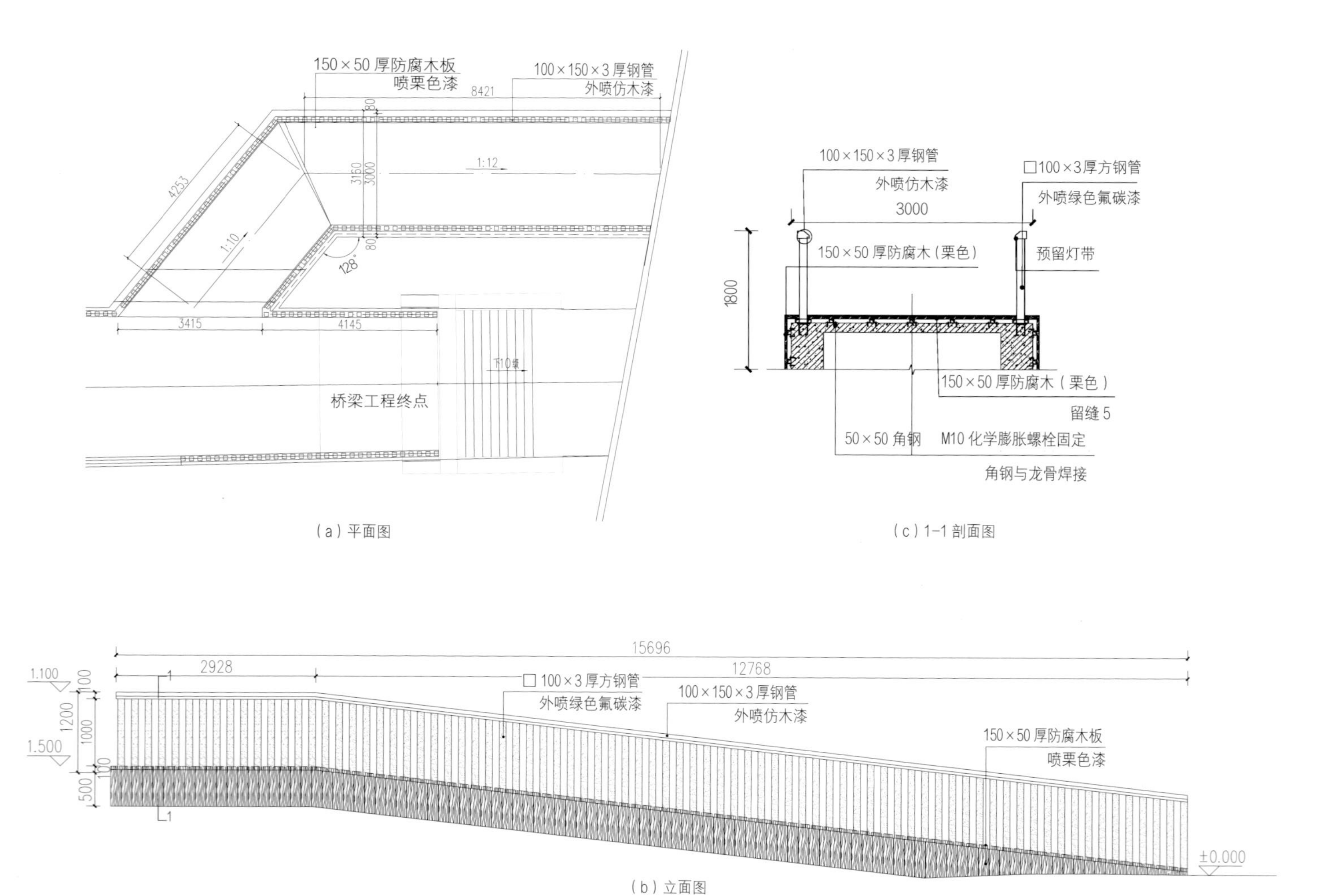


∧ 飞鸟景观桥无障碍坡道详细设计

< 飞鸟景观桥实景

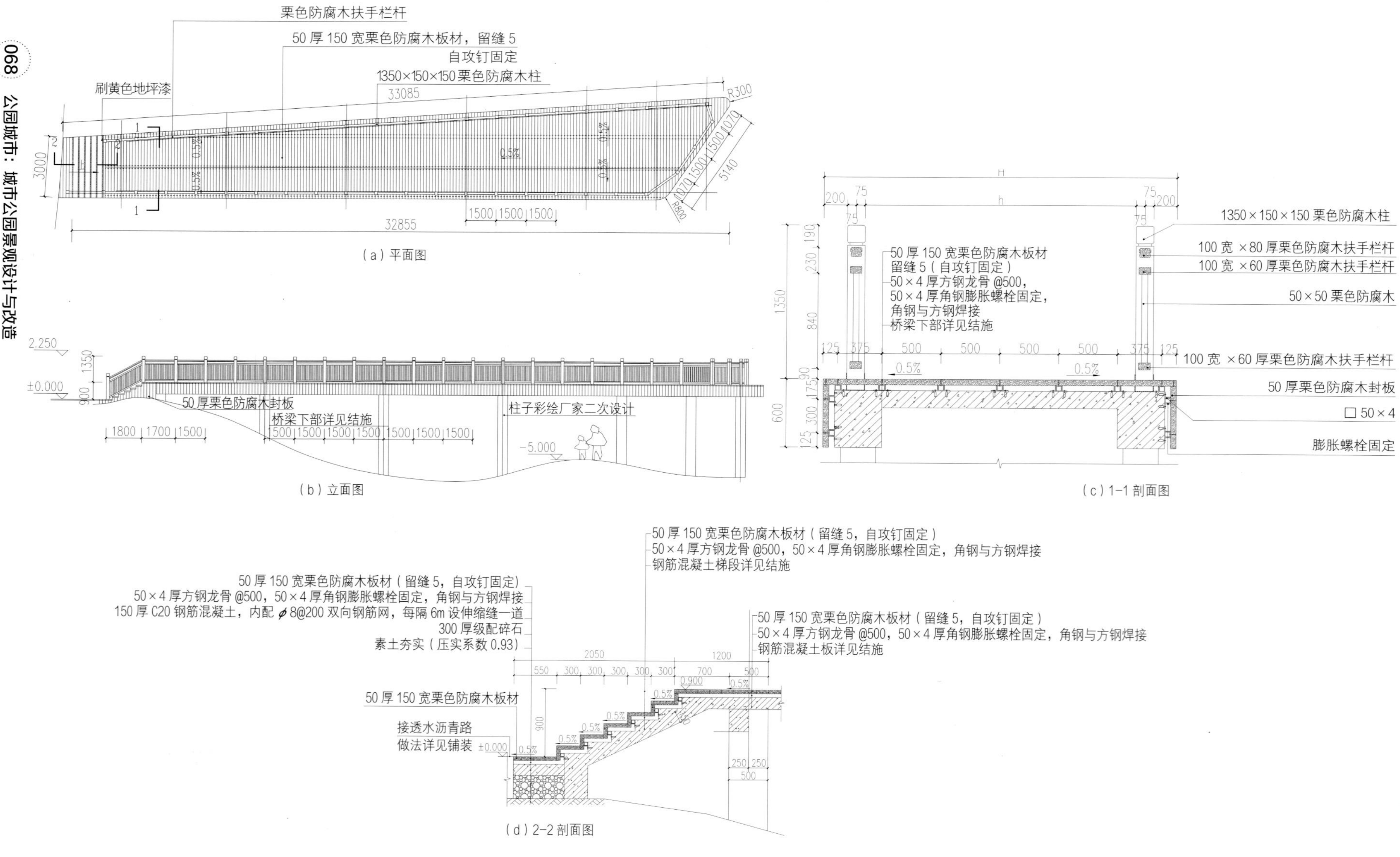


∧ 河滩花园木栈桥系列详细设计

②河滩花园木栈桥系列。在河口公园西侧的河滩花园区内，设计师结合自然旱溪布置了四座形态不同的木栈桥，起到了联系交通和组织游览的作用。

∧ 河滩花园木栈桥系列实景

（2）趣味活力岛

趣味活力岛位于河滩花园主入口附近，占地面积约为 4220m²。其内部设置趣味互动游戏场、特色廊架区、休闲小剧场等景观空间。地面采用彩色塑胶等人性化铺装形成艺术构图，为游人活动提供安全保障。特色廊架的外形是抽象的“三叶草”图案，为照顾游玩孩子的大人提供休息场所。

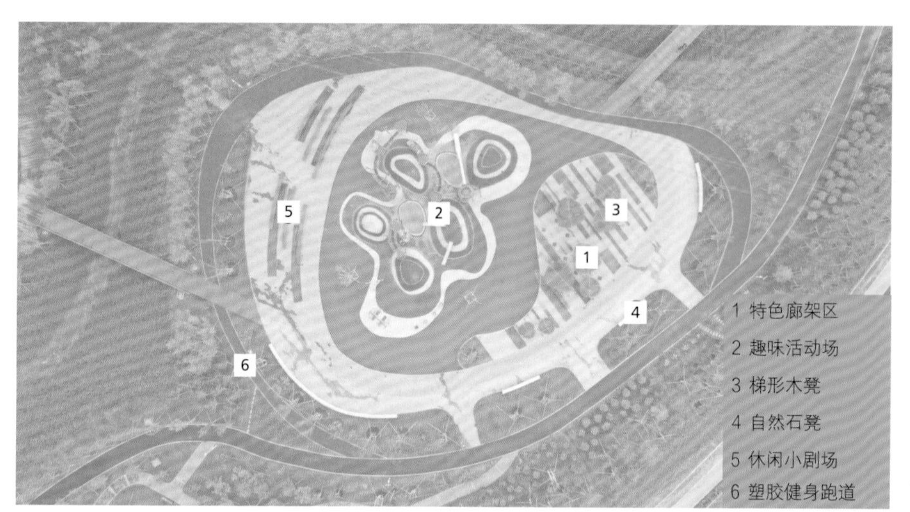


< 趣味活力岛总平面图

∧ 特色廊架区效果图

∧ 特色廊架区实景

< 趣味活动场实景

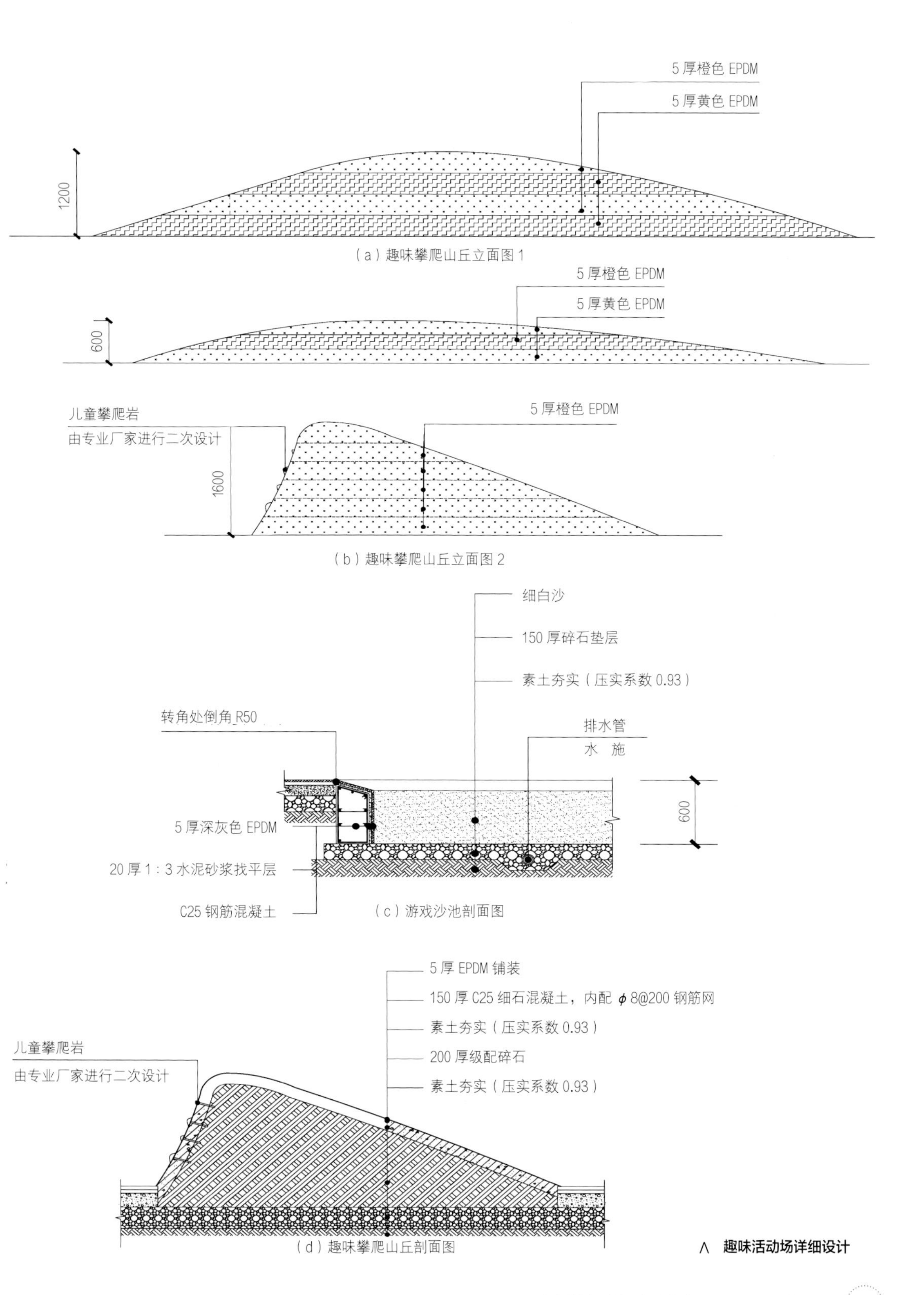
5 厚橙色 EPDM
5 厚黄色 EPDM
1200
（a）趣味攀爬山丘立面图 1
5 厚橙色 EPDM
5 厚黄色 EPDM
600
儿童攀爬岩
由专业厂家进行二次设计
5 厚橙色 EPDM
1600
（b）趣味攀爬山丘立面图 2
细白沙
150 厚碎石垫层
素土夯实（压实系数 0.93）
转角处倒角 R50
排水管
水 施
600
5 厚深灰色 EPDM
20 厚 1：3 水泥砂浆找平层
C25 钢筋混凝土
（c）游戏沙池剖面图
5 厚 EPDM 铺装
150 厚 C25 细石混凝土，内配 ϕ 8@200 钢筋网
素土夯实（压实系数 0.93）
200 厚级配碎石
素土夯实（压实系数 0.93）
儿童攀爬岩
由专业厂家进行二次设计
（d）趣味攀爬山丘剖面图

∧ **趣味活动场详细设计**

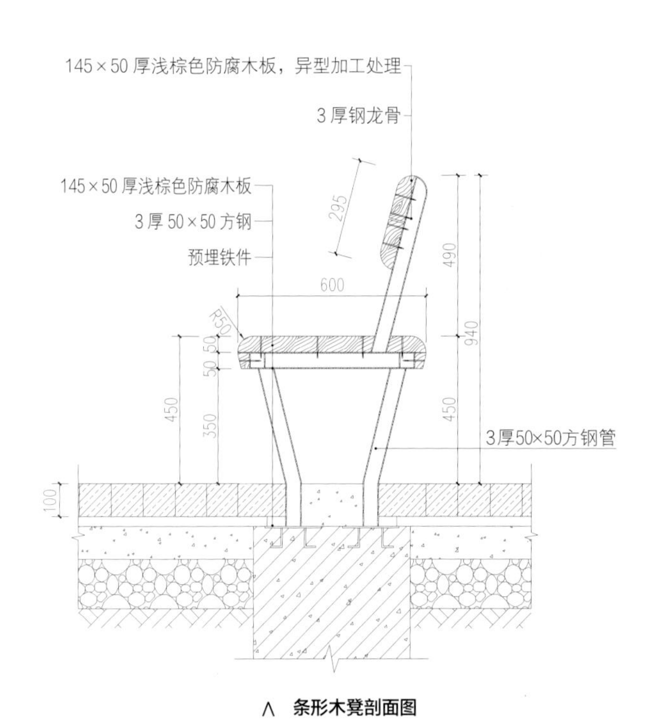


∧ 条形木凳剖面图

∧ 条形木凳实景

∧ 梯形木凳实景

（3）河滩花园入口广场

河滩花园入口广场位于河口公园西部，是进入公园的主要通道之一，占地面积约为 2260m$^2$。正对主入口视线的花坛内设置以卵石装饰的“河滩花园”标识；入口台阶处设置无障碍坡道便民设施；两侧结合台地高差设计采用耐候钢板雕刻形成的水生植物科普挡墙，丰富市民游园知识。

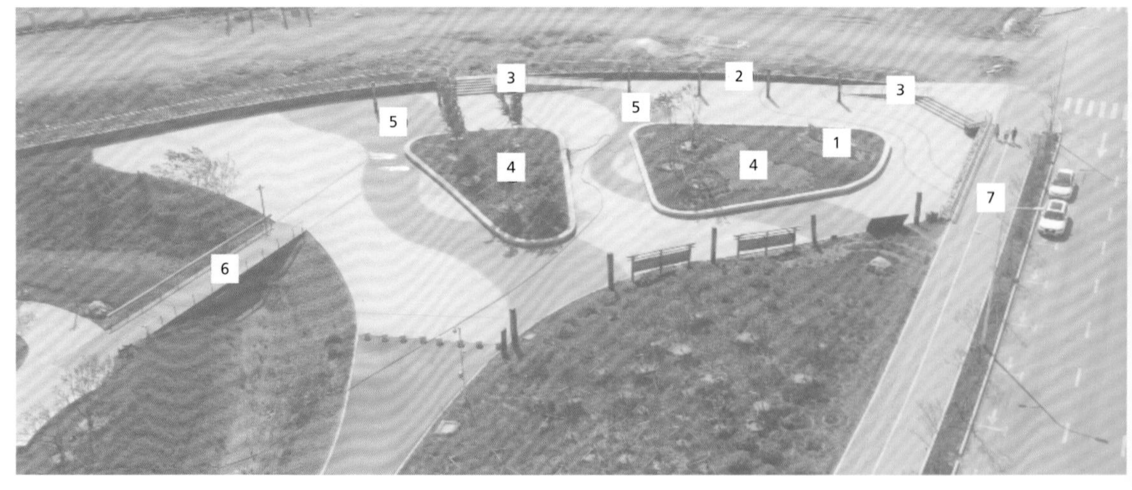

1 入口标识景墙　2 科普挡墙　3 无障碍坡道　4 种植池

5 艺术铺装　6 木栈桥　7 市政人行道

∧ 河滩花园入口广场总平面图

∧ 入口标识景墙实景

∧ 科普挡墙实景

∧ 无障碍坡道实景

（4）芳桃居广场

芳桃居广场位于洋浦公园主入口处，占地面积约为 2840m$^2$。由芳桃居建筑群与牌楼门围合形成的休闲广场为市民提供了一处集扭秧歌、跳广场舞、儿童轮滑等多功能于一体的活动空间。芳桃居建筑群由主体建筑及亭廊构成，建筑内部的社区之家丰富了市民冬季休闲活动的场所，提升了市民的幸福感。

∧ 芳桃居广场立面图

∧ 牌楼门及芳桃居效果图

∧ 牌楼门及芳桃居实景

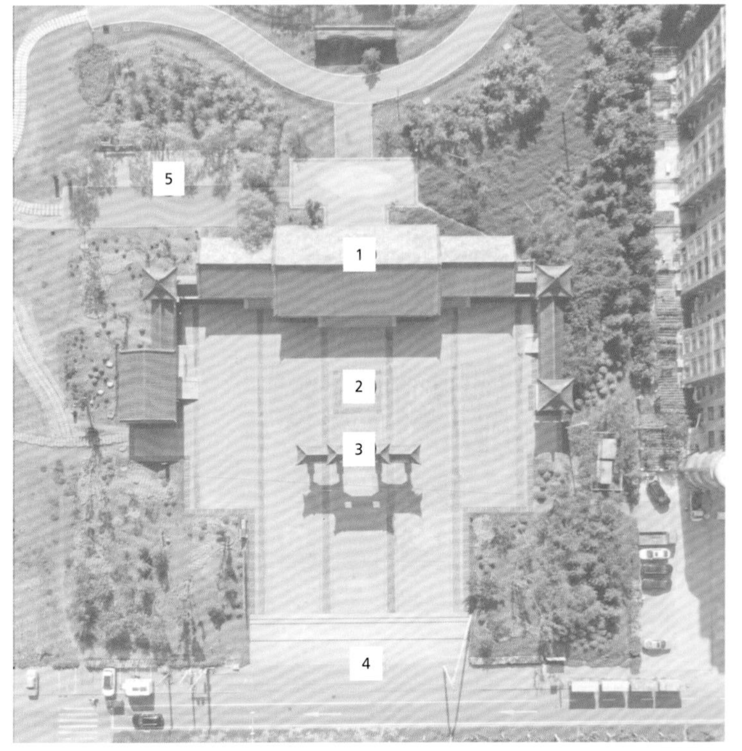


< 洋浦公园芳桃居广场总平面图

1 芳桃居

2 芳桃居广场

3 牌楼门

4 主入口

5 生态停车场

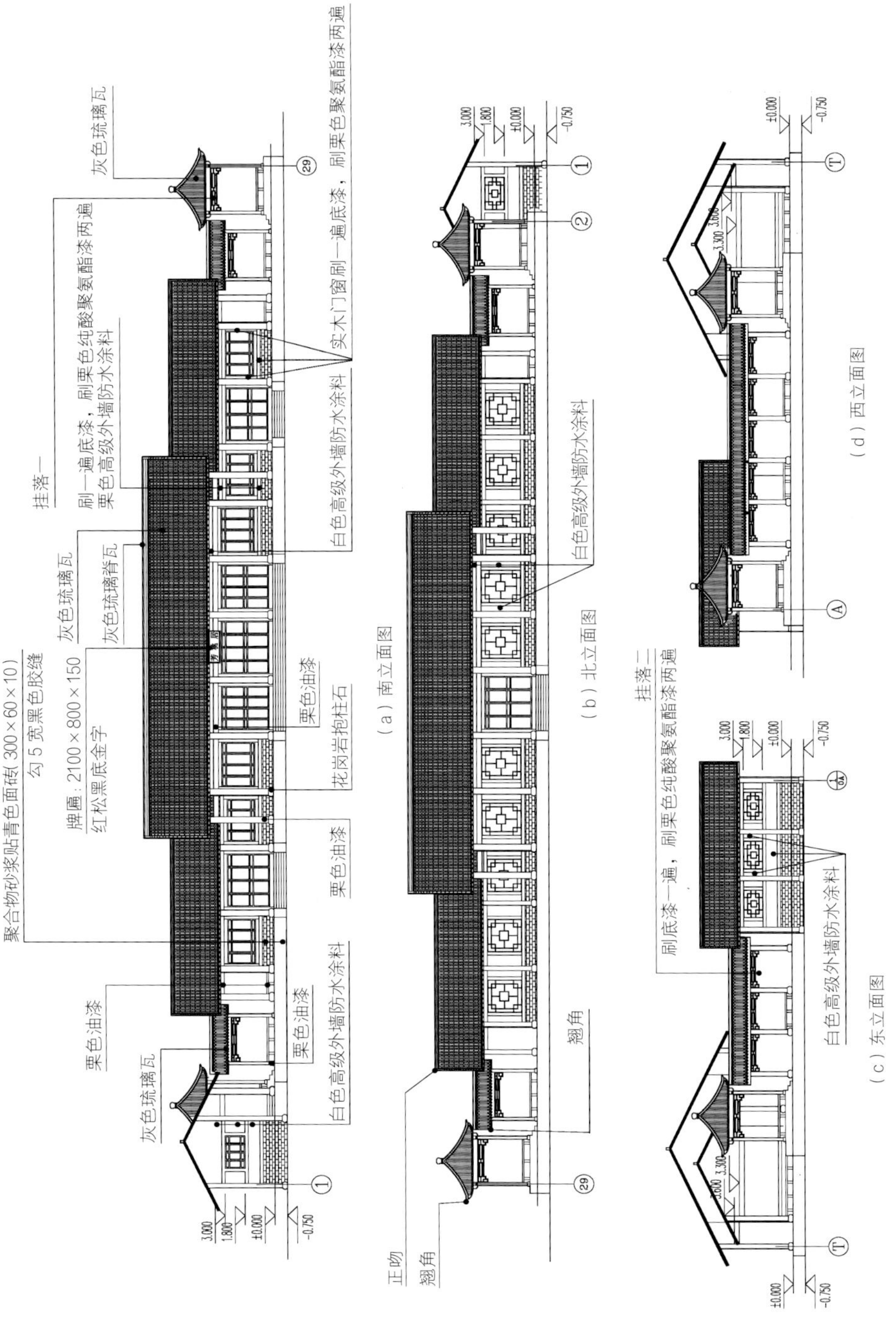

聚合物砂浆贴青色面砖(300×60×10)
勾5宽黑色胶缝
挂落一
牌匾：2100×800×150
红松黑底金字
灰色琉璃瓦
灰色琉璃脊瓦
刷一遍底漆，刷栗色纯酸聚氨酯漆两遍
栗色高级外墙防水涂料
栗色油漆
灰色琉璃瓦
灰色琉璃瓦
3.000
1.800
±0.000
-0.750
栗色油漆
白色高级外墙防水涂料
栗色油漆
花岗岩抱柱石
栗色油漆
白色高级外墙防水涂料
实木门窗刷一遍底漆，刷栗色聚氨酯漆两遍

（a）南立面图

正吻
翘角
翘角
3.000
1.800
±0.000
-0.750
白色高级外墙防水涂料

（b）北立面图

挂落二
刷底漆一遍，刷栗色纯酸聚氨酯漆两遍
3.600
3.300
3.000
1.800
±0.000
-0.750
白色高级外墙防水涂料

（c）东立面图

3.300
3.600
±0.000
-0.750

（d）西立面图

∧ **芳桃居广场立面图**

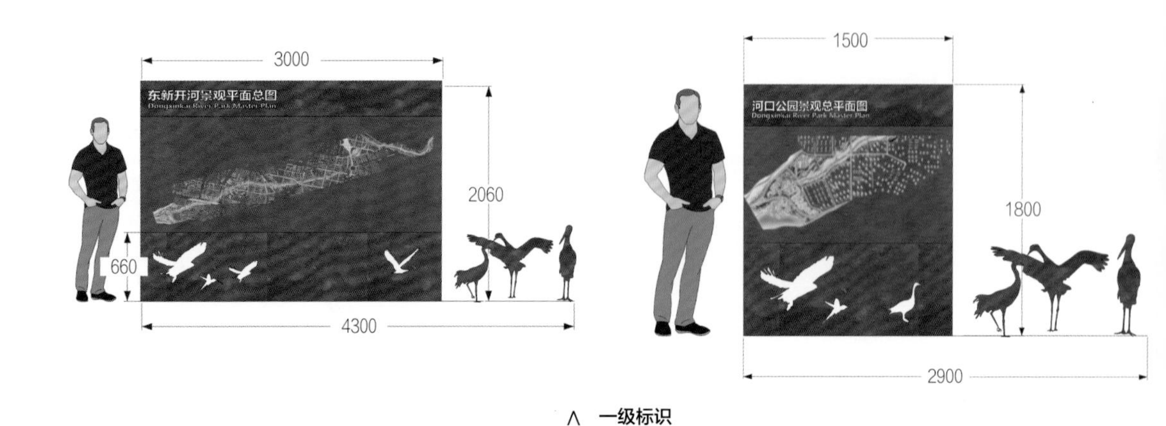


∧ 一级标识

（5）标识小品设计

标识小品风貌突出后工业及生活氛围，材质以锈钢和木材结合为主，色彩以木色和浅灰为主色调，形成整个项目标识小品的风格设计系统。同时，各公园结合各自特点形成不同的主题，如河口公园突出“生态飞鸟”，城投体育公园表现“全民健身”，洋浦公园体现“古典元素”等，并通过视觉表象用文字和图形以抽象化的形式表达出来，最终形成整条景观带统一中有变化的视觉效果。

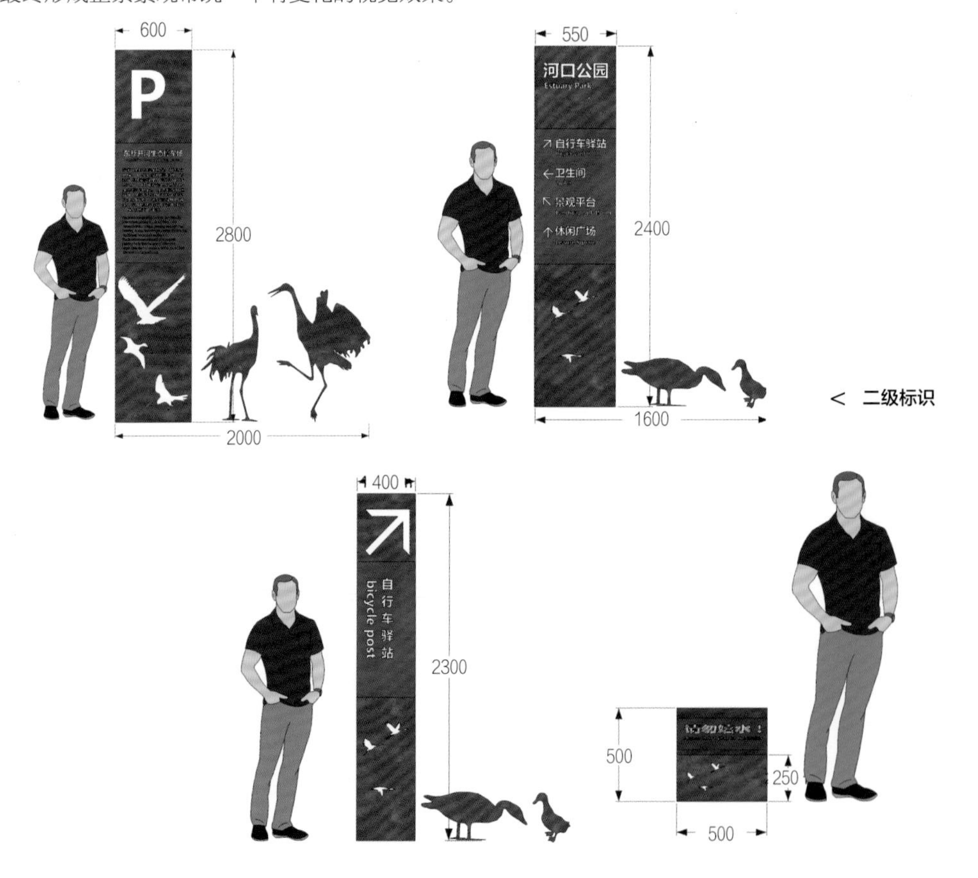


< 二级标识

< 三级标识

∧ 标识小品实景

## 2. 营造寒地海绵绿洲

（1）寒地海绵材料研究

在考虑植物耐寒性、耐旱性、耐涝性和耐污染性等海绵指标的基础上，设计师经过研究选择出适合不同类型的海绵设施植物共120余种，如稠李、水曲柳、东北珍珠梅、茶条槭、鸢尾、千屈菜等；借鉴欧洲等同纬度寒地透水铺装的先进经验，联合厂家研制出满足冻融循环达到50次的缝隙型透水砖，并将上述两项寒地海绵研究成果运用于本项目中。研究成果编入吉林省海绵城市建设地方标准中，填补了国内寒地海绵城市研究的空白。

∧ 缝隙型透水砖样式

∧ 寒地缝隙型透水砖

∧ 寒地海绵植物运用

（2）河口公园区域的寒地海绵城市系统

设计中广泛使用千屈菜、马蔺、鸢尾、菖蒲等具有耐寒性、耐旱性和耐涝性的寒地城市海绵植物材料，在优先使用缝隙型透水铺装、自然石汀步等透水材料的基础上，根据因地制宜的原则让自然做功，利用河滩花园西高东低的自然地形条件以及现场高差形成的重力流排水。雨水经过各级净化后流入旱溪湿地水系并汇入河口湿地，通过收集利用实现年径流总量控制率 90% 的控制目标。同时，经过测算把项目周边邻近的城市市政道路管网中的雨水也接入雨水花园、渗透塘和旱溪湿地之中，通过寒地海绵系统的过滤和净化，实现年 SS 径流污染总量去除率达到 75% 设计径流污染的控制目标要求，最终为河道流域黑臭水体综合治理发挥积极作用。

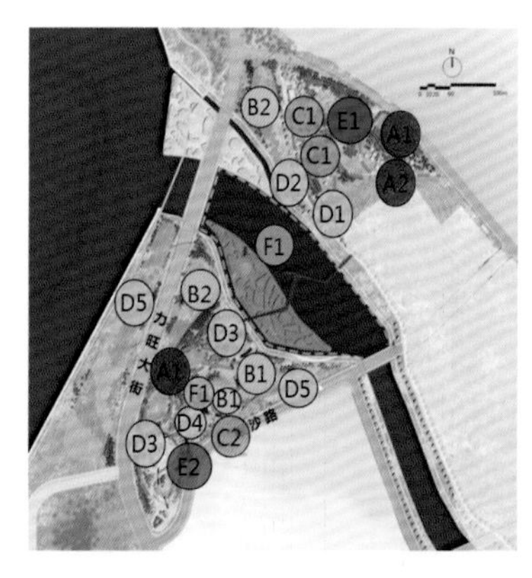


| | |
|---|---|
| 渗（A） | ①透水铺装<br>②干式植草沟 |
| 滞（B） | ①渗透塘<br>②生物缓冲带 |
| 蓄（C） | ①雨水花园<br>②旱溪 |
| 净（D） | ①雨水花园　④渗透塘<br>②干式植草沟　⑤生物缓冲带<br>③透水铺装 |
| 排（E） | ①干式植草沟<br>②旱溪 |
| 用（F） | ①雨水湿地<br>②景观用水 |

∧ 寒地海绵净化系统

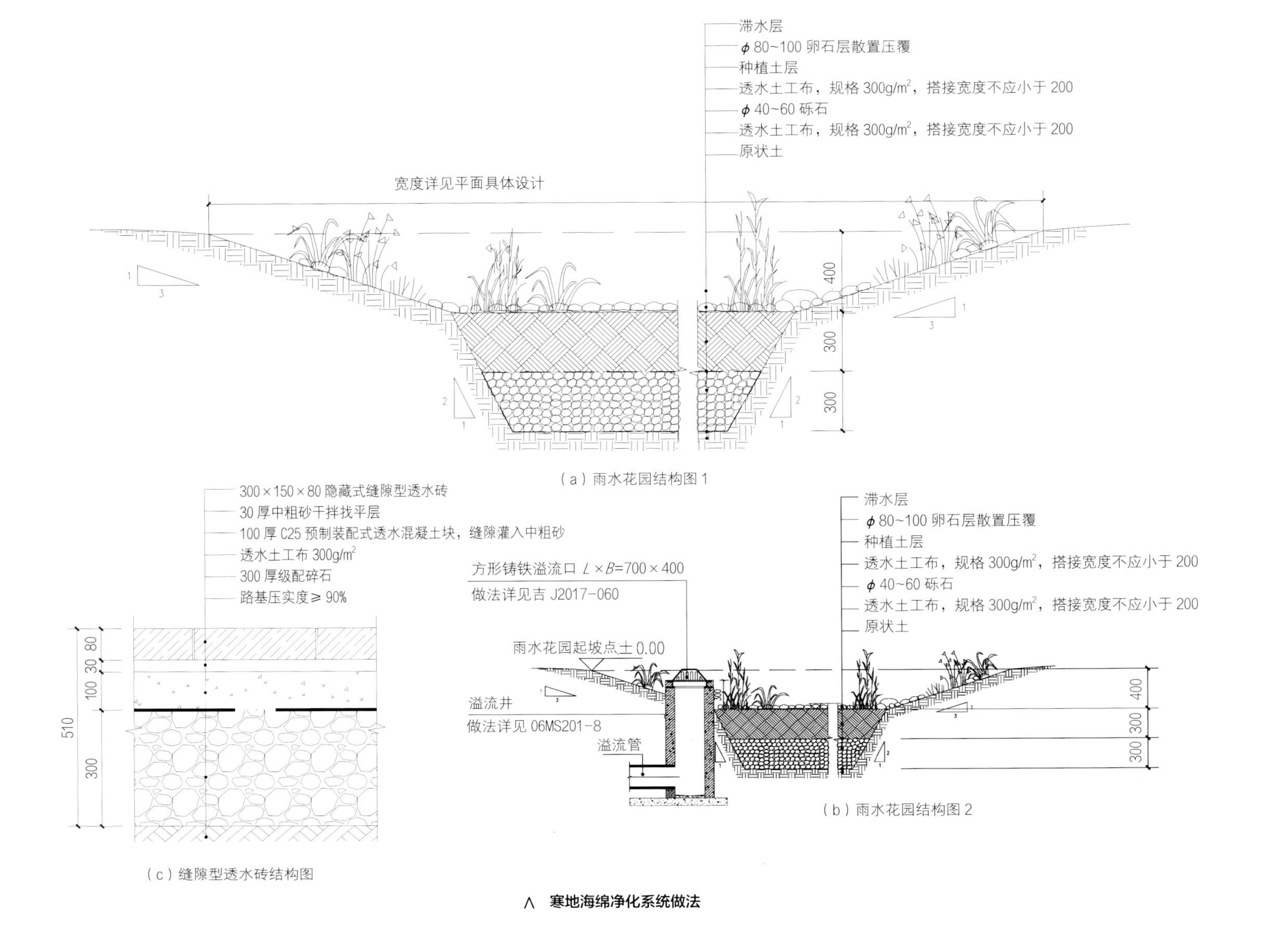


（a）雨水花园结构图1

（b）雨水花园结构图2

（c）缝隙型透水砖结构图

∧ 寒地海绵净化系统做法

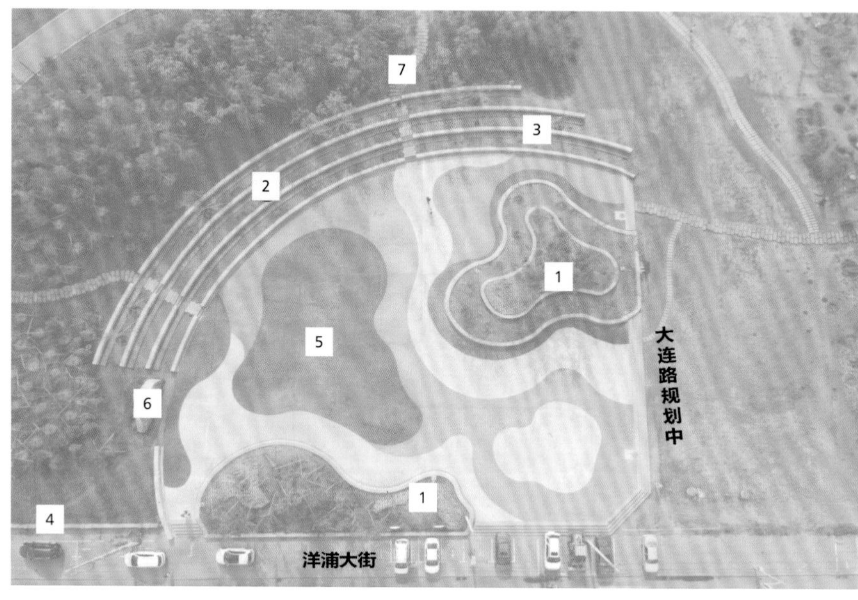

< 山水广场总平面图

（3）山水广场等节点的寒地海绵城市设计

洋浦公园主入口的山水广场占地面积约为 3440m²。其中部为艺术构图形成的透水混凝土铺装场地，后侧结合地形土方设置林荫式观演休闲台地，将中国传统山水意境的造园手法与现代的海绵城市设计理念充分融合，形成城市海绵、休闲游憩与艺术文化等多功能充分融合的市民休憩活动新空间。同时，儿童活动场内首次采用透水混凝土基层与防滑 PE 悬浮板面层结合，进一步提高了场地的舒适与安全性，形成“会呼吸”的儿童游戏场所。

∧ 彩色透水混凝土覆盖

∧ 山水广场鸟瞰实景

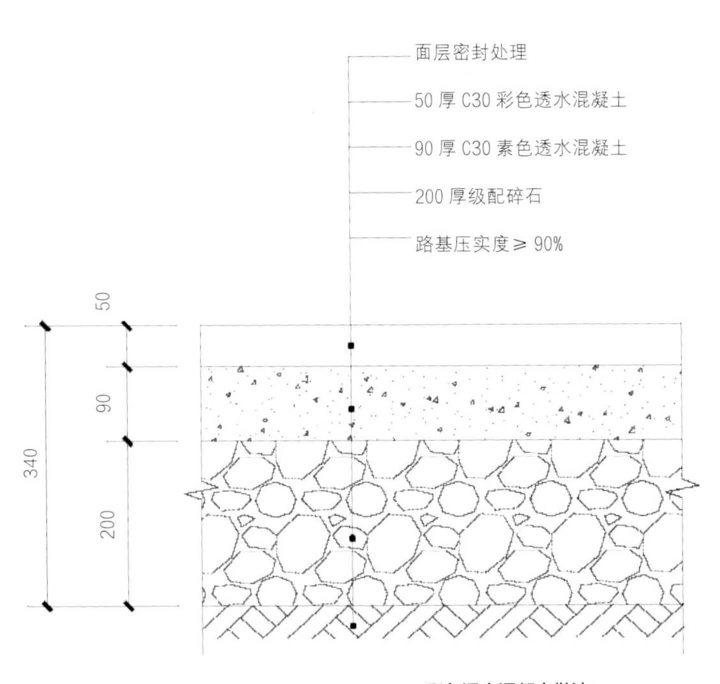


∧ 彩色透水混凝土做法

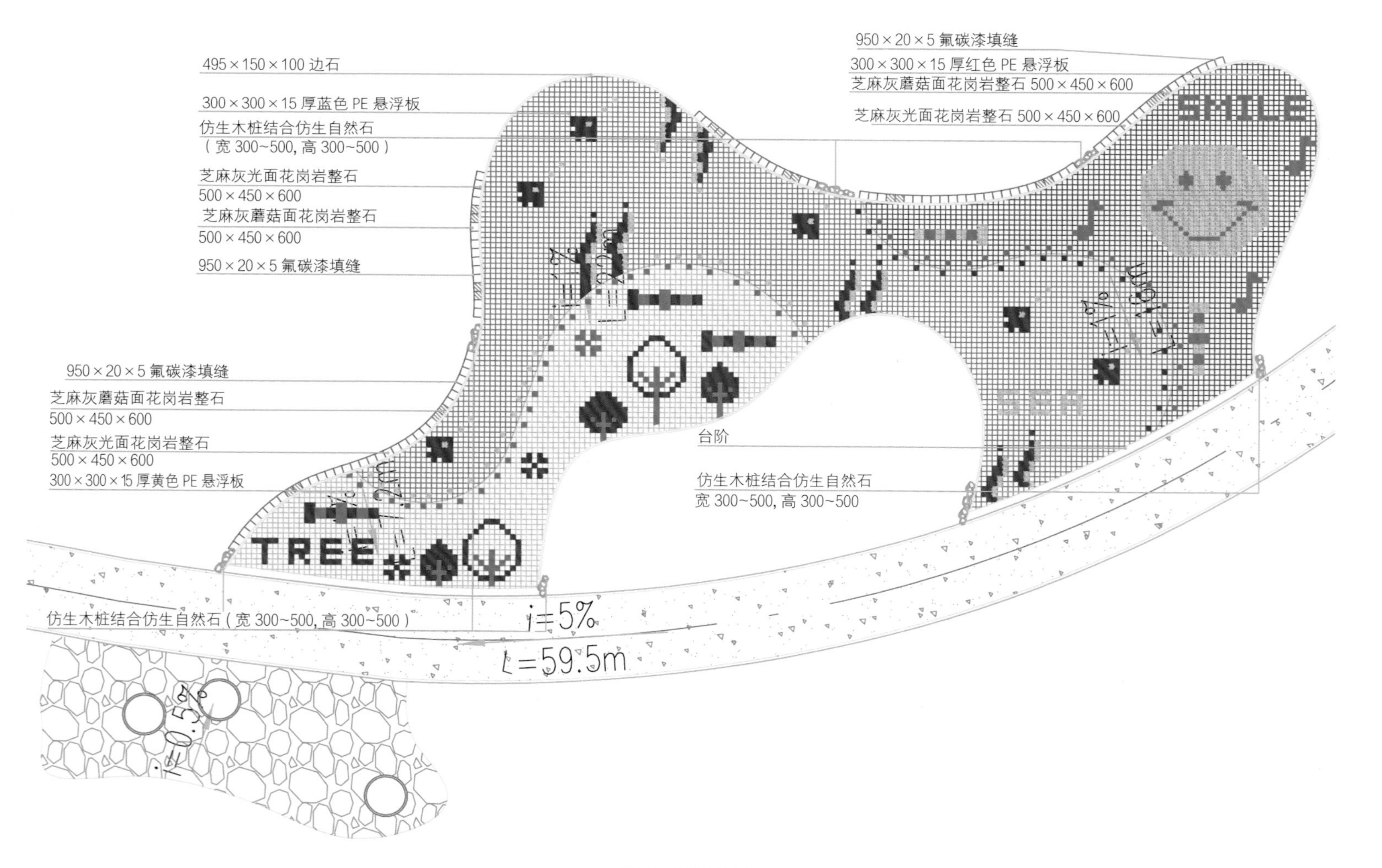

495×150×100 边石
300×300×15 厚蓝色 PE 悬浮板
仿生木桩结合仿生自然石
（宽 300~500, 高 300~500）
芝麻灰光面花岗岩整石
500×450×600
芝麻灰蘑菇面花岗岩整石
500×450×600
950×20×5 氟碳漆填缝
950×20×5 氟碳漆填缝
300×300×15 厚红色 PE 悬浮板
芝麻灰蘑菇面花岗岩整石 500×450×600
芝麻灰光面花岗岩整石 500×450×600
SMILE
SEA
TREE
950×20×5 氟碳漆填缝
芝麻灰蘑菇面花岗岩整石
500×450×600
芝麻灰光面花岗岩整石
500×450×600
300×300×15 厚黄色 PE 悬浮板
台阶
仿生木桩结合仿生自然石
宽 300~500, 高 300~500
仿生木桩结合仿生自然石（宽 300~500, 高 300~500）
i=5%
L=59.5m
i=0.5%


∧ 儿童活动场总平面图

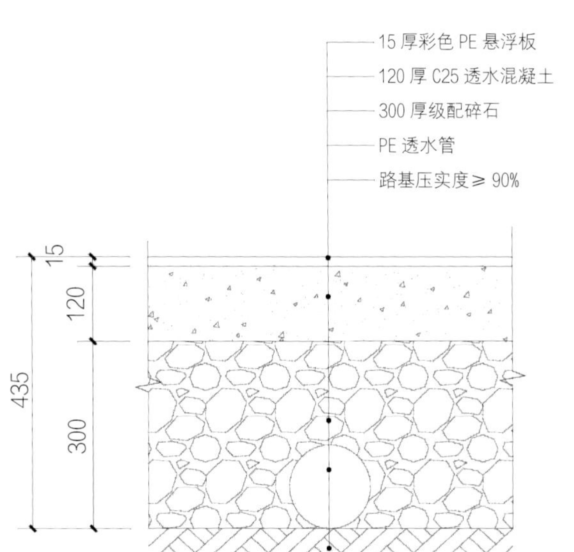


< 彩色悬浮 PE 板做法

∧ 儿童活动场彩色 PE 悬浮板应用

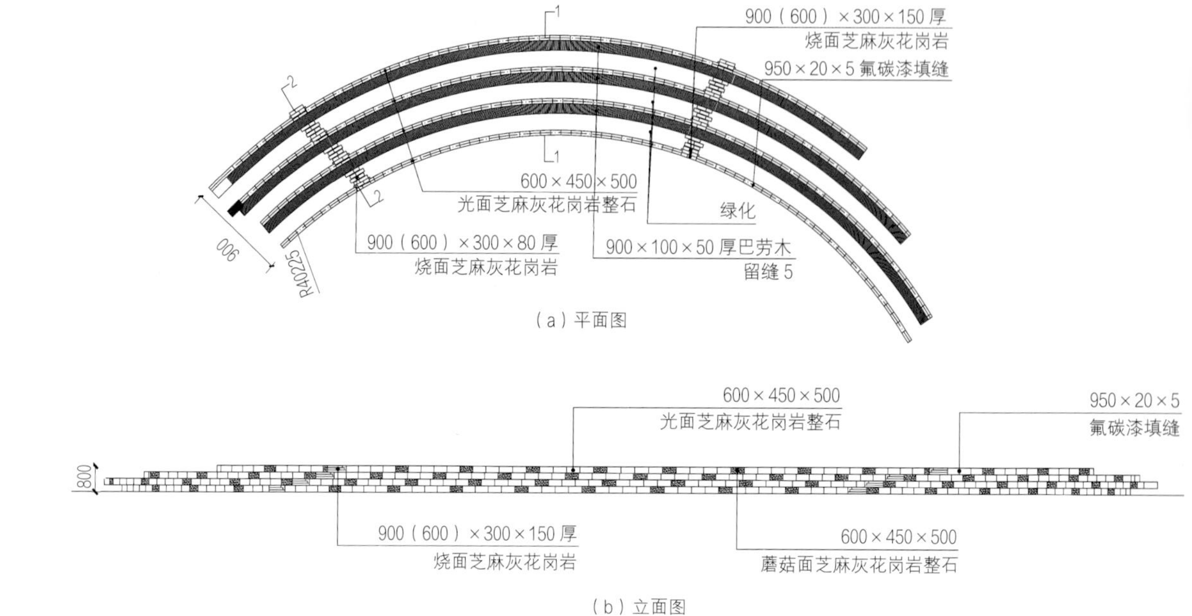


（a）平面图

（b）立面图

∧ 林荫式观演休息台详细设计

∧ 林荫式观演休息台实景

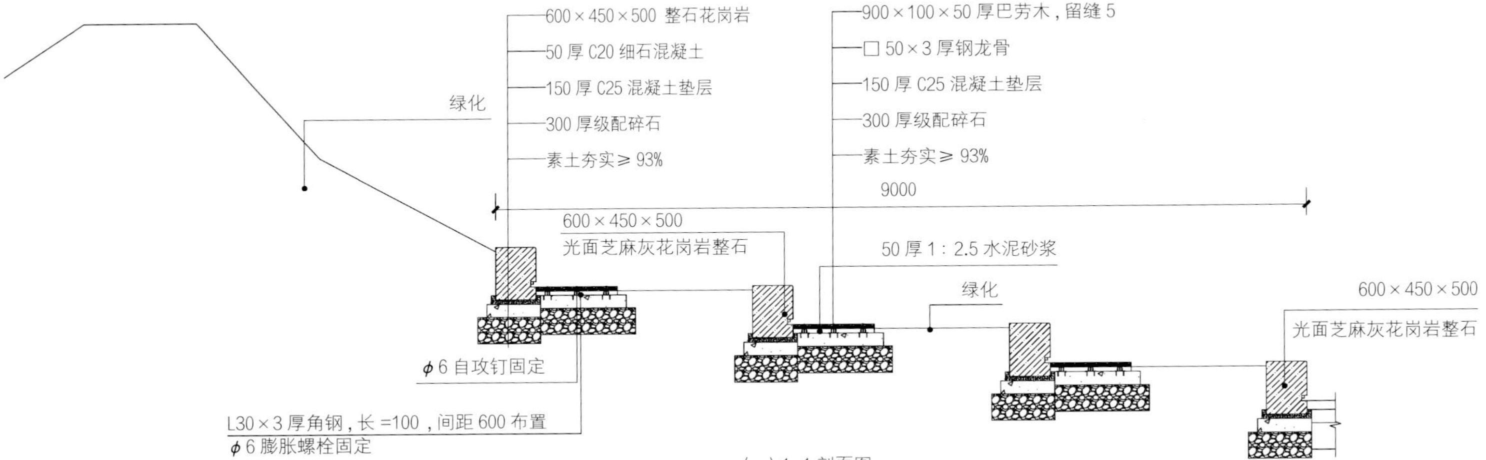

（a）1–1 剖面图

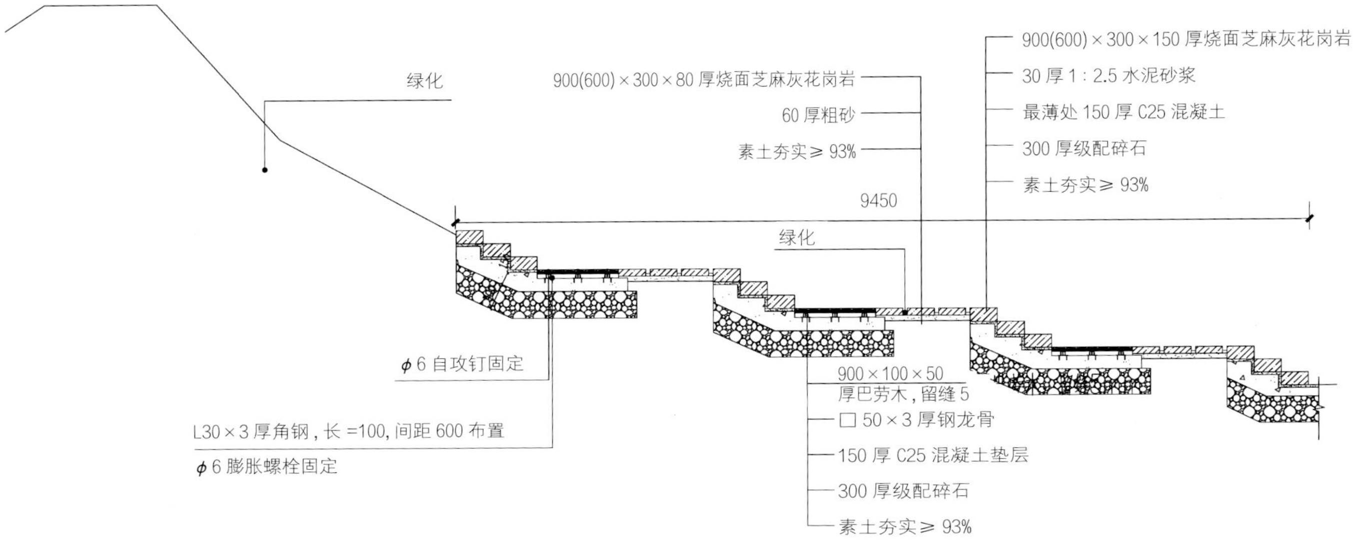

（b）2–2 剖面图

∧ **林荫式观演休息台详细设计**

### 3. 构建可持续生态系统

可持续生态系统主要包括生态护坡工法系统、两栖动物迁徙通道以及低维护乡土植物群落构建三方面。

（1）生态护坡工法系统

与戴水道景观设计咨询（北京）有限公司展开合作，引入网络种植护岸、扦插种植护岸、水生植物捆、种植石墙护岸、土工布扦插护岸、扦插石笼护岸、扦插植物捆、土工椰网和扦插石笼挡墙等九种生态工法的绿色生态技术，并根据当地的气候环境和植物生长特性进行技术改良，在项目区域内进行试点运用，力求打造东北三省首个生态护坡工法科普示范展示区。

∧ 生态护坡工法系统平面布置图

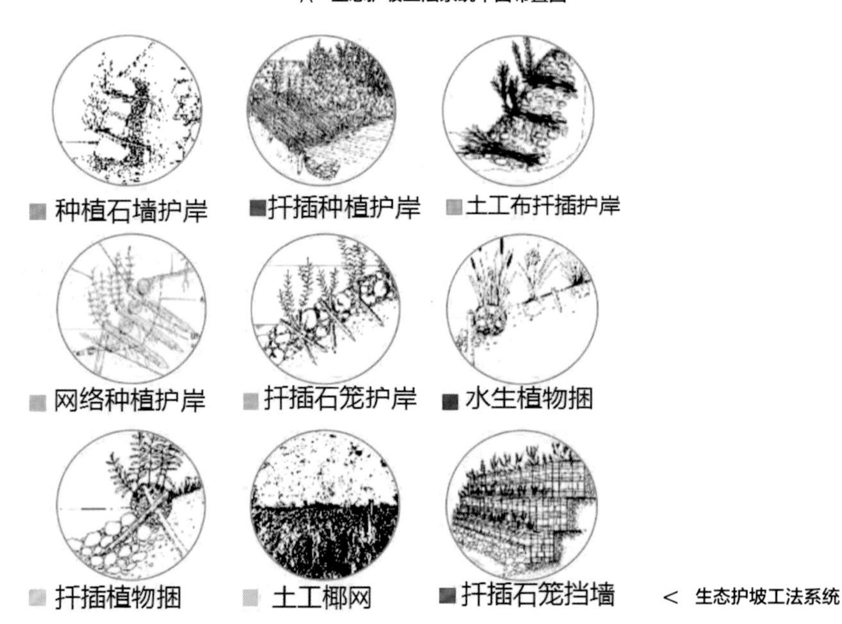


< 生态护坡工法系统

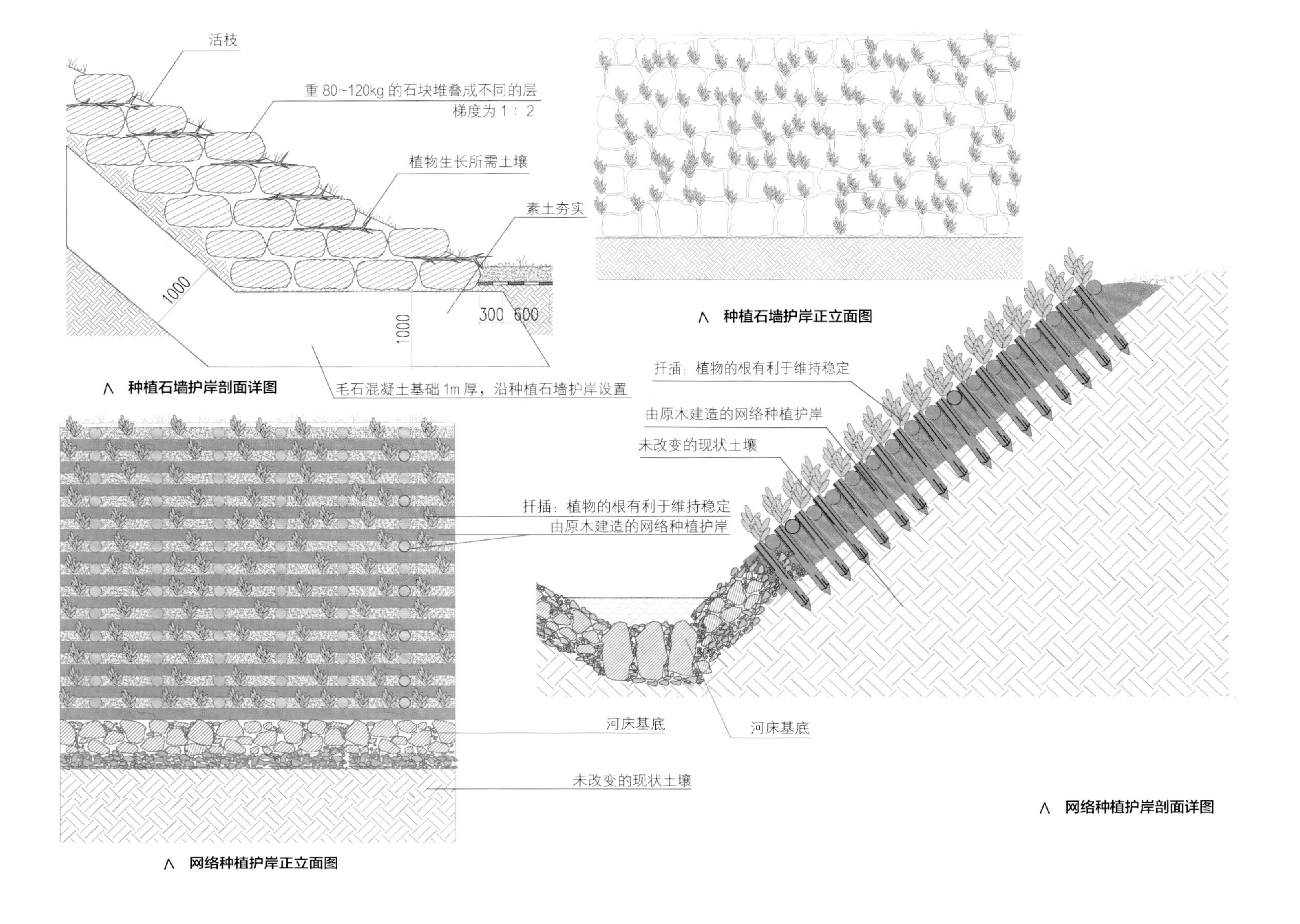


∧ 种植石墙护岸剖面详图

∧ 种植石墙护岸正立面图

∧ 网络种植护岸正立面图

∧ 网络种植护岸剖面详图

< 土工椰网护岸实景

< 网络种植护岸实景

< 种植石墙护岸实景

< 两栖动物迁徙通道实景

（2）两栖动物迁徙通道

位于河滩花园与河口湿地之间，迁徙通道的设置一定程度上减弱了由于修建水利堤顶路造成两岸割裂的负面生态影响，为两岸动物迁徙提供了必要的通行空间，对于维护生态平衡，促进人与自然和谐共生发挥了一定积极作用。

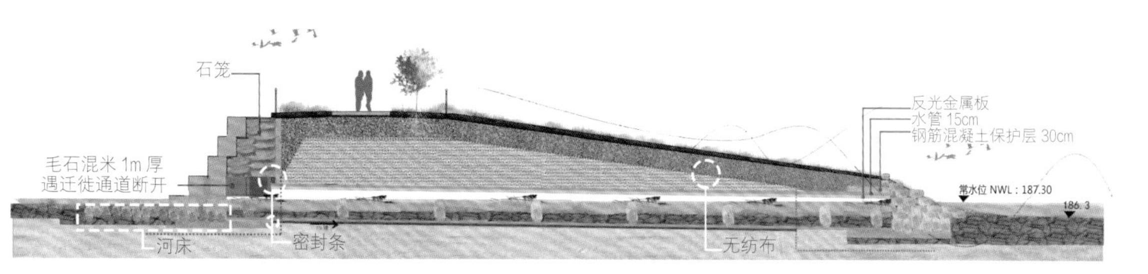


∧ 两栖动物迁徙通道总剖面示意图

（3）低维护乡土植物群落构建

通过大量低维护、可持续的乡土植物材料的运用，如紫花苜蓿、碱草、无芒雀麦、马蔺、玉簪等，控制需要高维护的冷季型进口草种的使用，一定程度上实现降低碳排放的效果。同时，配置以大面积地带性稳定的以乔木为主体的群落结构，以提高绿地固碳能力，加强生态系统的韧性。

### 4. 打造城园绿道共同体网络

绿道通过内循环与外循环形成网络系统。设计在与城市级道路接驳处设置下穿或上跨措施保持绿道系统的连续性。内循环是指在河岸两侧纵向上建立慢行滨水步道连接各个主要功能空间；横向上通过合理架设人行景观桥梁使两岸互通，打造内部绿道闭环。外循环是指通过合理规划把内部绿道网络与城市慢行交通充分连接、缝合起来，实现绿地格局与城市结构的耦合与协调。同时，通过合理设置一级和二级休闲驿站，满足市民的使用需求。

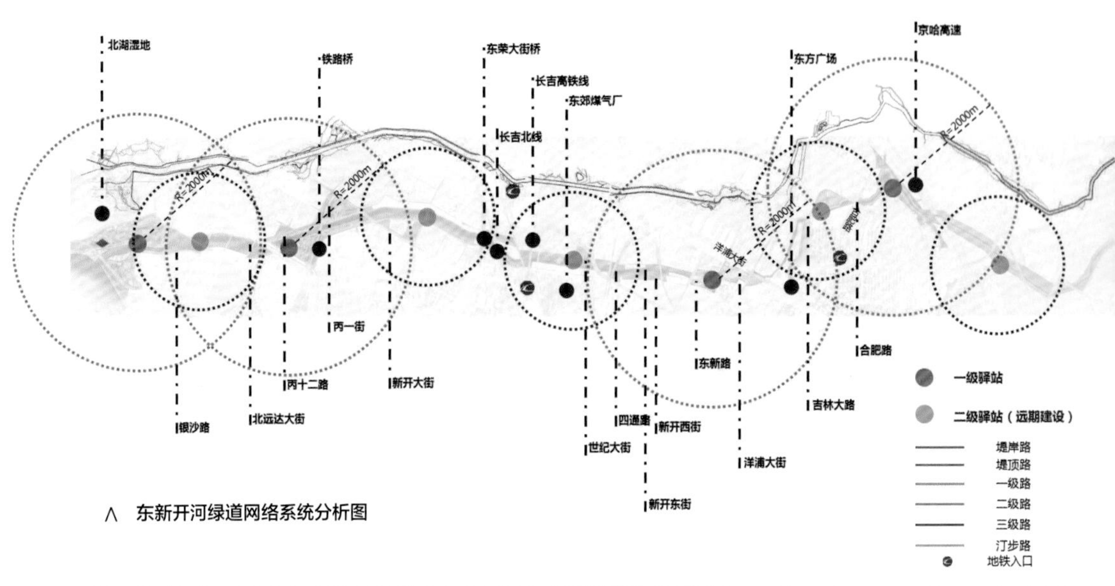


∧ 东新开河绿道网络系统分析图

∧ 河口公园绿道网络系统

∧ 绿道系统实景

### 5. 探索城市更新与业态耦合

城投体育公园的设计在保留长春亚泰足球俱乐部搬迁后遗留地的基础上，重拾场地记忆，以足球文化为主线，以建筑资源活化与再生为抓手，对现有建筑物进行工业风格的改造，置入多种运动业态，凸显人与自然互动，促进生活方式的提升与改变，打造一处室内外一体的全民健身公园。

（a）1 号楼原二层建筑

（b）2 号楼原洗浴中心

（c）3 号楼原厂房

（d）4 号楼原室内足球训练室

∧ 城投体育公园原工厂楼改造（建筑）——原建筑现状

园区内还设置了标准足球场、五人足球场、室外攀岩墙、林荫慢跑道、标识等设施，丰富市民运动休闲的需求。同时，长春工程学院设计研究院等单位在对原有保留的四栋建筑采取结构安全加固的基础上，进行内外装饰改造，设置室内足球场、羽毛球场等多种运动业态，进一步满足市民全季活动需要。

< 入口标识实景图

∧ 综合体育楼改造后实景

∧ 综合体育楼室内改造后实景

∧ 原室内足球场改造鸟瞰实景

∧ 原室内足球场室内改造后实景

∧ 原室内足球场改造后实景

## 项目建成后的评价与意义

在“公园城市”理念下，设计通过 16km 公园绿道系统将河口公园、常家公园、洋浦公园、城投体育公园这 4 大特色主题公园通过景苗兼用林绿地有机有序串联起来，形成了一条跨越四个城区、长春版的“翡翠项链”公园系统。该项目建成后营造了水清岸绿、鱼翔浅底的优美生态环境，为附近居民提供了优质便捷的休憩活动空间，大大提升了城市居民的获得感与幸福感，充分发挥了绿色空间提升城市环境品质和激发城市活力氛围的功能，进一步满足人民日益增长的对美好户外活动空间的需要，也为努力践行“城园融合”新发展理念的公园城市实践与探索起到了一定的借鉴意义。

< 趣味活动岛实景

河口公园飞鸟景观桥实景

# 武汉青山江滩设计

**项目地点：** 湖北省武汉市
**项目面积：** $135hm^2$
**设计公司：** UAO 瑞拓设计
**主创设计师：** 李涛
**设计团队：** 陆洲、梁海峪、胡炳盛、李龙、龙可成、虞娟娟、张坤、华涛
**合作设计：** 武汉市城市防洪勘测设计院
**摄影：** 此间建筑摄影赵奕龙、Holi 河狸 - 景观摄影

## 项目概况

青山江滩位于湖北省武汉市长江南岸的青山区，与历史悠久的武汉钢铁厂（现宝武钢铁集团）共处一区，也是武汉长江主轴规划中“青山滨江商务区”的形象门户地带，是青山区产业转型升级的引爆项目。

在景观生态功能规划上，该项目承担着“海绵城市示范段、创造软质岸线、退产还江、修复长江生境”的重要作用。承担着青山区从老工业基地向生态化城区转型的重要示范任务，也是青山区“海绵城市”改造升级的重要示范工程。作为湖北省首个“海绵”江滩，它的绿化比例也是十分高的。除此之外，青山江滩距离和平公园仅 1.6km，两大公园为青山区生态环境的改善做出了重要贡献，使这个原本的工业区蝶变为“洗肺”胜地，全区绿化覆盖率在武汉名列前茅。

< 青山江滩全景

< 江滩景观

项目坐落在长江堤防及堤外滩地上，上游端至罗家港，下游端至武丰闸，全长 7.5km，总面积 135hm$^2$，最窄处约 50m，最宽处约 300m。在 2015 年改造前，青山江滩是武钢码头、砂场还有粮食码头的所在地，主要承担着防汛和物流的功能。随着城市化进程的推进，物流功能逐步迁至主城区外，江滩环境急需优化和提升。

< 区位图

## ■ 设计理念

在方案设计中，设计师们秉承“敢为人先、追求卓越”的城市精神，不断探索江滩建设新模式。青山江滩综合改造工程突显“通透、滨水、生态、海绵、绿色”，将断面单一的土堤改造成自然、生态的缓坡堤防，营造了“似堤非堤、堤在林中”的意境，使城市环境、堤防、滨水空间自然相融，充分利用缓坡堤防地下空间，突出堤防功能的多样性，努力在江滩建设中打造水生态文明试点的“武汉样本”。

现状条件：

①用地面积 $80hm^2$，包括堤身、滩地、亲水平台三个汇水区域；

②用地范围内除卫生间及部分管理设施外，无其他固定污染源；

③用地范围内道路车流量很小，路面径流污染小；

④用地为滨水公园，绿化率很高，绿地面积大。

∨ 公园总平面图

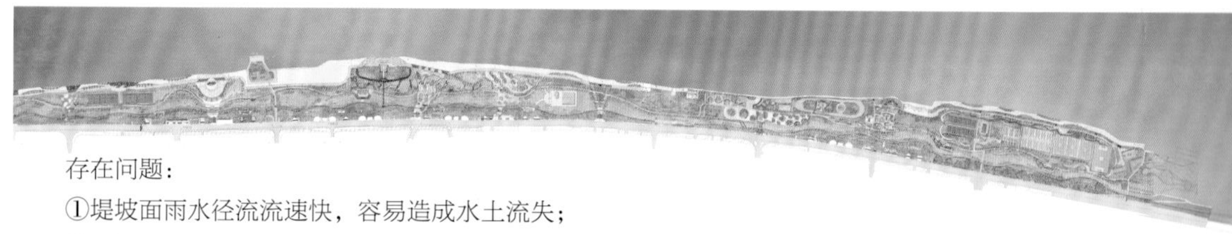

存在问题：

①堤坡面雨水径流流速快，容易造成水土流失；

②用地范围内土壤以沙质土为主，下渗速度快，保水性差，影响生物净化效率；

③用地面积大、长度长、应分区域设置蓄水设施，以保证正常使用。

∧ 江滩上的绿植覆盖

∧ 洪水期的江滩

项目所在的青山区是武汉市的老工业基地，正在加快产业转型升级。传统的堤防格局阻断了视线通廊，阻隔了街区和江滩联系，不能满足提升区域的环境功能和体现生态宜居特色的要求。设计师们结合青山区市政建设，同步实施了青山江滩堤防江滩综合改造，在确保防洪安全的前提下，将街道、江滩、长江连成一体，使原本独立的景观相互融合，打造街区、堤防、绿化、江水多维一体的城市滨水立体空间。站在堤顶绿道上，透过绿化间预留出的观江通廊，即可一览长江美景。

设计内容主要包括四大部分，一是生态景观化堤防改造；二是滩地景观工程；三是滩地内现有建构筑物改造，改造后的建构筑物变成江滩内的便民管理服务设施；四是“海绵城市”系统的构建。

< 场地内的建筑

< 儿童游乐空间的装置

∧ 江边广场

∧ 景观林地

## ■ 详细设计与措施

### 1. 遵循自然，打造生态缓坡堤防

原有的江滩堤防断面是 1：3 等坡比的梯形，迎水面堤角是六角形预制块。设计首先将这种工程化的堤防形式优化成了自然缓坡式的形态。在维持原堤高度和外侧堤脚不变的情况下，这种放缓坡度的做法可以让游客觉得防洪大堤的存在并不是特别的高耸或者突兀，从而在空间格局上形成了城市与江水之间无缝衔接的状态。堤坡的坡比由 1：3 改建为（1：6）~（1：15）的平缓坡面，并在缓坡面进行植物配植，其间连接步行通道。改造的堤防形成大面积的生态绿色坡面，为周边居民提供了休闲娱乐滨水空间。堤防堤顶的标高比江边亲水平台高 4m，缓坡段模糊 4m 的高差，使得滩地地形流畅得像自然丘陵。除此之外，设计师们还在堤身内部“植入”高 10 余米、厚 0.6m 的混凝土防渗墙，以确保防洪安全。为实现空间的高效利用，以及服务区域经济社会发展和城市功能，该工程在缓坡式堤防下，新建了四段地下空间，总建筑面积约 13 万平方米。地下空间为两层结构，规划功能主要为江滩管理服务用房和停车场，提供车位约 1700 个。缓坡堤防地下空间的利用丰富了堤防功能，发挥了堤防工程的资源优势，为区域经济和社会发展提供了重要的基础配套设施。

∧ 堤防断面带原始断面

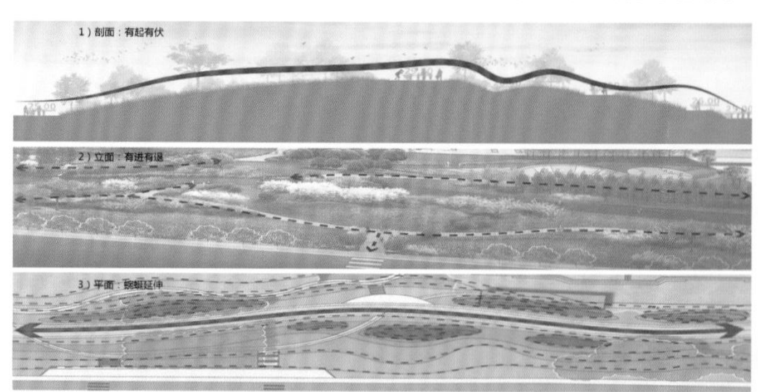


∧ 缓坡式堤防设计

∧ 道路铺装

∧ 武青堤全景鸟瞰

< 地下空间剖面图

∧ 江边观景平台

∧ 植物连接步行通道

### 2. 显绿亲水，打造各具特色的景观区

该项目在确保防洪的前提下，根据区域城市功能定位，将整段江滩规划为生态草溪景观区、体育运动景观区、都市时尚景观区、雨水花园生态实践区、青山记忆景观区、阳光草坪慢生活区等七大景观分区。在景区建设中突显绿色生态理念，大面积种植不同品种植物，既有成片的樱花、海棠等林带，又保留了原有大片水杉、灌木和地被；根据不同水位修建了多级亲水平台，满足不同人群的亲水休闲需求，展现不同季节的滨江风貌。设计师们希望来到青山江滩的游客，在登到堤顶的第一时间就可以看到宽阔的长江江面，而不是被茂密的树林遮住了本该通透的视线，从而解决了原来江滩临江不见江的问题。同时，该工程注重挖掘、保护历史风貌元素，根据青山区老工业基地的城市记忆，将滩地上原有的部分重工码头改造成轮渡休闲码头，将原有的老旧房屋改造为青山红房子等景观节点，承载城市的历史积淀。

∧ 儿童乐园

< 改造后的青山红房子

∧ 江边景观码头

∧ 植物景观

< 场地内的观赏装置

< 景观草坪

**3. 滩地内现有建构筑物改造**

设计师们在滩地内设计了参与性强的公共活动空间，如山丘式的儿童乐园、结合堤防坡度的滑梯、多个 7 人制足球场和两处游泳池、浪漫的婚礼堂和大草坪、穿插在水杉林中的小木屋集群、保留的码头吊车和红砖码头建筑。这些空间节点都成为网红打卡的胜地。

V 婚礼堂全貌

< 通往婚礼堂的景观廊道

< 场地内的红房子

< 休憩空间及供儿童玩耍的沙坑

∧ 儿童游乐空间

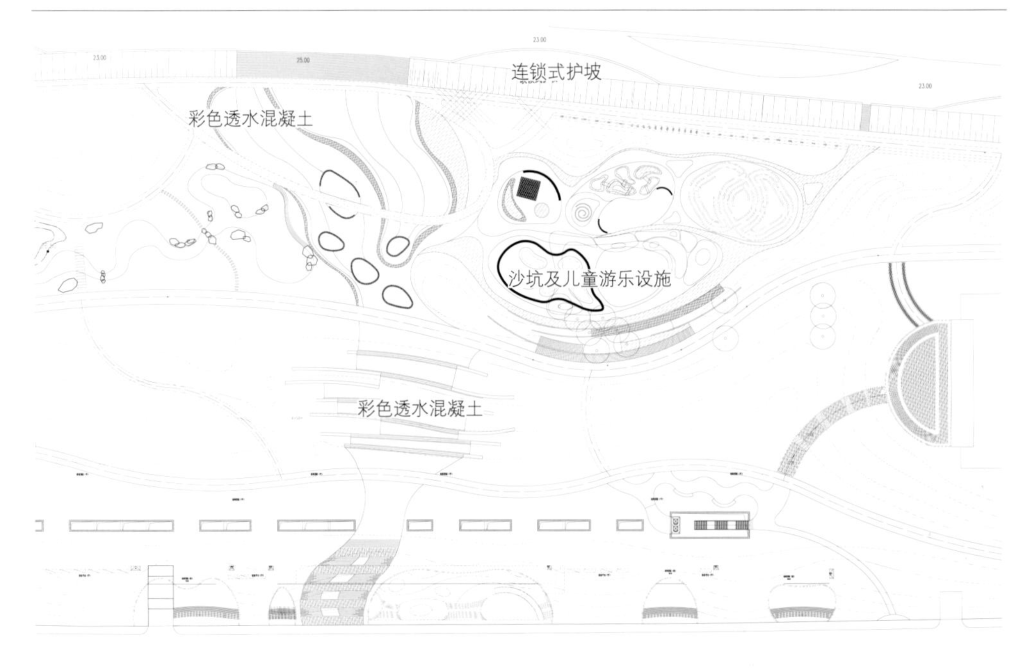


∧ 儿童乐园总平面图

∧ 滑梯

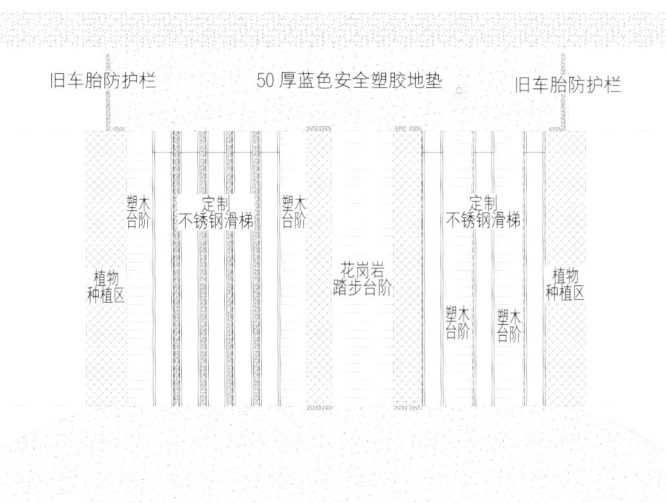
旧车胎防护栏
50 厚蓝色安全塑胶地垫
旧车胎防护栏
塑木
台阶
定制
不锈钢滑梯
塑木
台阶
定制
不锈钢滑梯
植物
种植区
花岗岩
踏步台阶
植物
种植区
塑木
台阶
塑木
台阶
50 厚蓝色安全塑胶地垫

∧ 滑梯详图

∧ 婚礼堂鸟瞰

在众多公共活动空间中，婚礼堂的设计格外引人注目。设计师在堤顶与江边的大草坪之间，架设了一个景观廊道。景观廊道沿着一条轴线布置，产生了序列美感：从堤顶出发，这里是婚礼新人的出发之地，堤顶是楼梯和电梯间，下面是新人化妆和休息的配套空间；随后跨越江滩的应急车道跨过一段密林，在 $6000m^2$ 的婚礼草坪前，分成左右两半的弧形长廊，给草坪一个环抱；在轴线最靠近长江的一端，是纯白色的婚礼堂建筑，和长廊采用同一个拱券形式。

< 婚礼堂顶视图

整个轴线是建筑学基本原则的直接演绎，突显起承转合的节奏把握，为使植物群落衬托轴线关系，人为地分割开婚礼草坪和江滩内主交通通道的视线联系。建筑师理性地利用堤防的高差与轴线，设计了人车分流的格局，结合植物群落的围合，为婚礼的举办创造了一个渐进的“脱离世俗、向往纯净”的情绪营造路径。从堤身内的管理房乘电梯而上，穿过清水混凝土的三角形大门，沿着白色廊架的二层长廊，在密林的树梢顶端，已经可以看到没有钢筋水泥、没有污染的蓝天。行走到长廊的最顶端，可以俯瞰视线的焦点——婚礼堂，以及它背后宽阔的长江，情绪在最后一刻达到高潮。

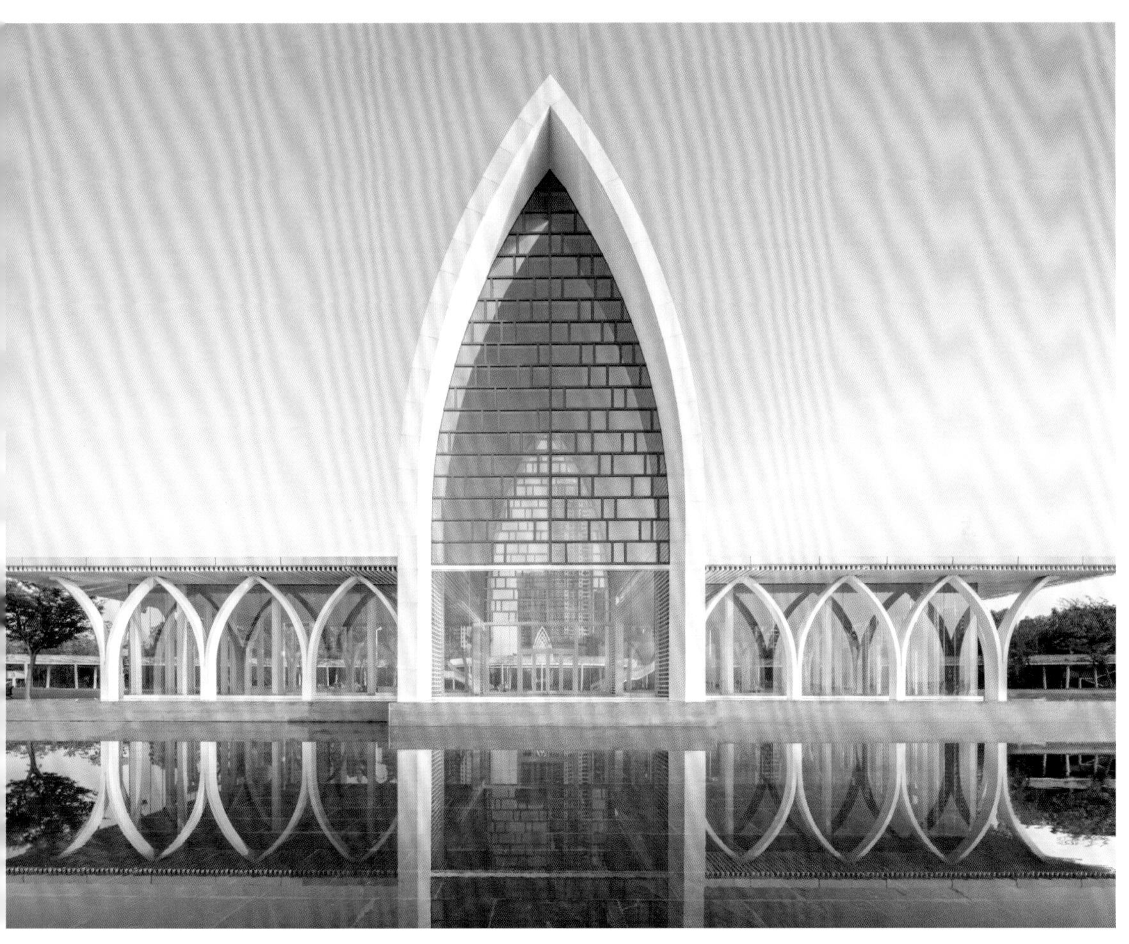

∧ 婚礼堂正面

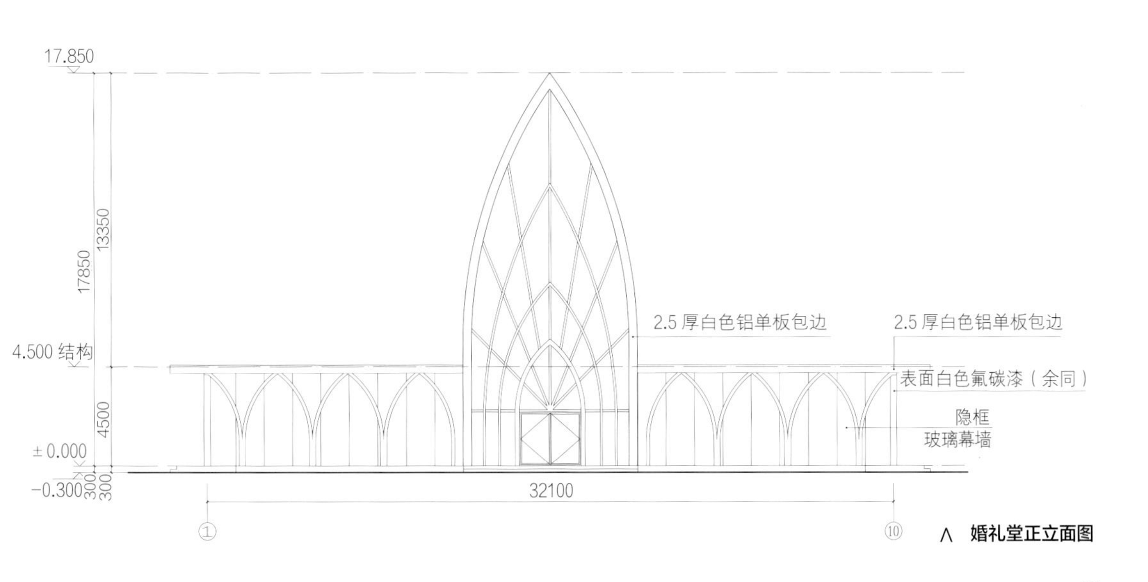


∧ 婚礼堂正立面图

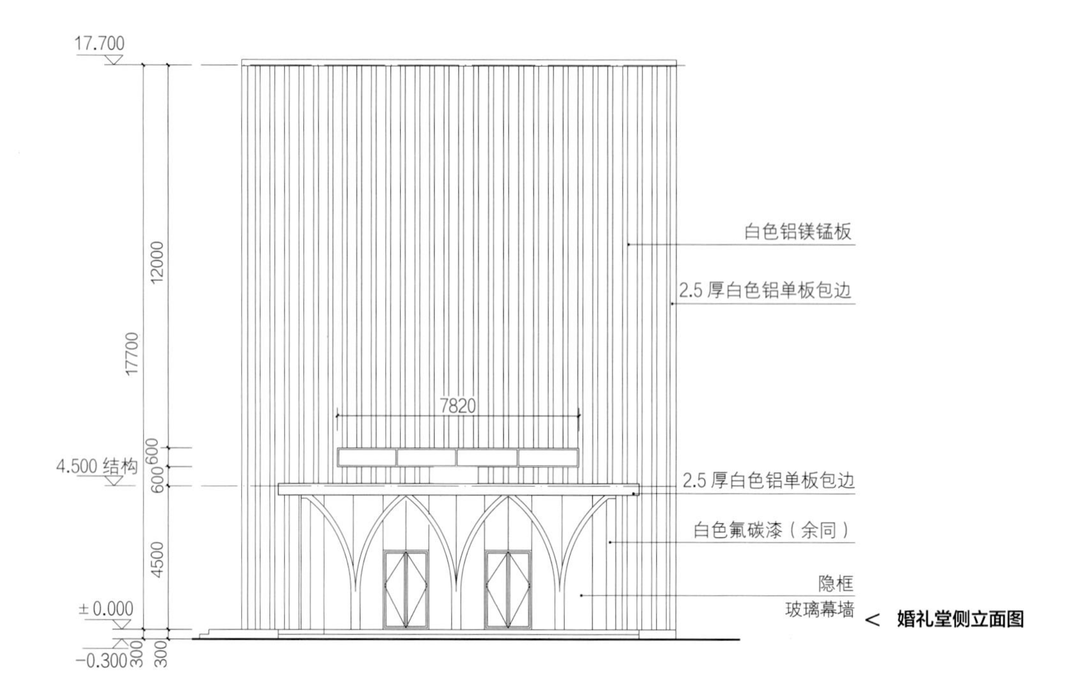

< 婚礼堂侧立面图

婚礼堂内，两翼水平，中间高耸，纯白色的格局，干净大气。沿江的落地无框玻璃窗，将人的视线引向窗外，越过无边界水池到达宽阔的江面。天花的白色铝合金方管延续并强化了轴线，指向江面的方向。

弧形的长廊环抱婚礼堂，在平面构图上强调了向心性。这些设计原则并没有太多花哨的手法，仅老老实实采用了最基本的建筑学语言和表现方式。这些是古典到现代建筑学一直没有舍弃，并不断发扬光大的。从古典的形态里简化出符号，从轴线的刻意中强化纪念的形式和空间感。

整个设计并不是单一强调婚礼长廊和婚礼堂的建筑意识，而是通过景观的场地组织、植物设计、高差利用，将建筑和景观完美地统一。建筑师用白色统一了建筑和其他构筑物，除了映衬婚礼的纯洁，也是希望脱离拱券符号的古典风格。而钢结构的应用则强化了现代感。长江边地理环境的优势，自然呼应了建筑本身纯白的现代感：在绿色基底和灰色江水的衬托下，白色与蓝天也相得益彰。

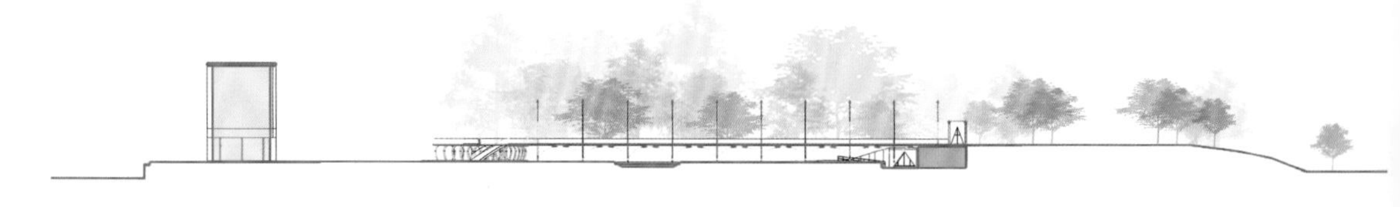

∧ 婚礼堂剖面图

∧ 婚礼堂实景

∧ 通往婚礼堂的廊道

## 4.“海绵城市”系统的构建

项目位于青山区武青堤及堤外江滩区域，堤顶高程 30.00m（黄海高程，下同），滩地高程 24.00~27.00m。除堤防背水面的雨水要汇入城市雨水管网外，堤顶平台、堤防迎水面及滩地的雨水排水，在工程实施前都是自然排入长江。

（1）低影响开发雨水系统；

①车行道雨水收集后汇入生物滞流设施；

②步行道雨水经透水铺装及盲管导入生物滞流设施和雨水湿地；

③收集的雨水经“生物滞流设施”“雨水湿地”净化后进入“雨水调节池”储用。

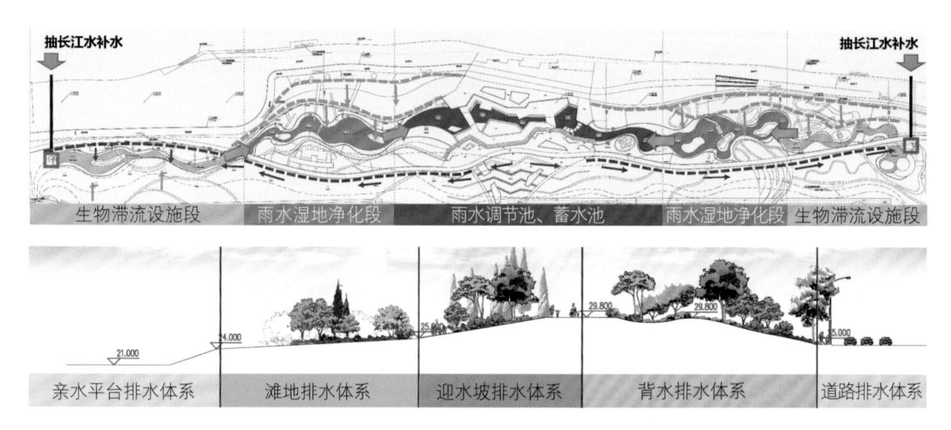


∧ 滩地道路及迎水面堤坡雨水收集、滞流、净化过程

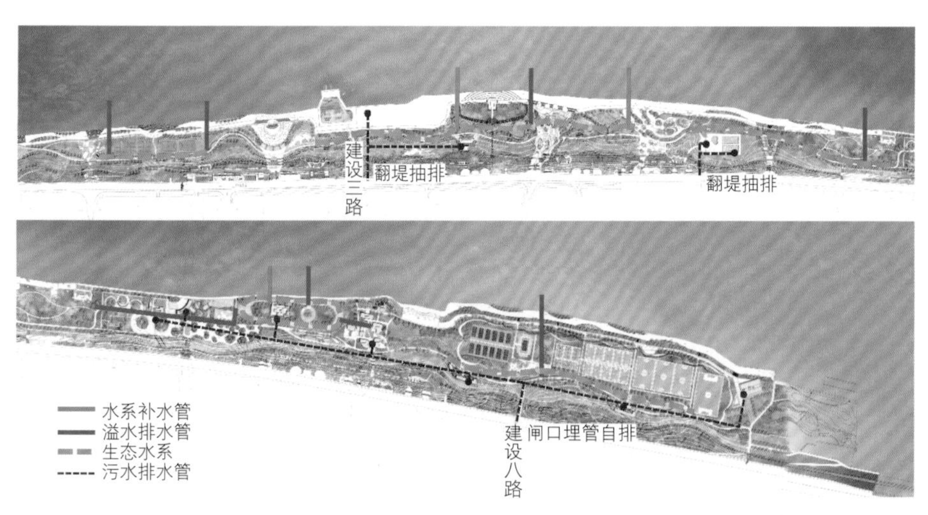


∧ 滩地排水系统总图

（2）场地下垫面情况

在工程实施前，场地下垫面基本都是砂场、货场、码头、防浪林带及荒地。按下垫面类型划分，现状场地可归为混凝土路面及广场、级配碎石路面及广场、非铺砌的土路面、无地下建筑绿地四类。其中，混凝土路面及广场总面积约 30000m$^2$，级配碎石路面及广场占地面积约 400000m$^2$，非铺砌的土路面占地面积约 50000m$^2$，无地下建筑绿地占地面积约 700000m$^2$。四类下垫面的流量径流系数分别为 0.95、0.5、0.35、0.2。

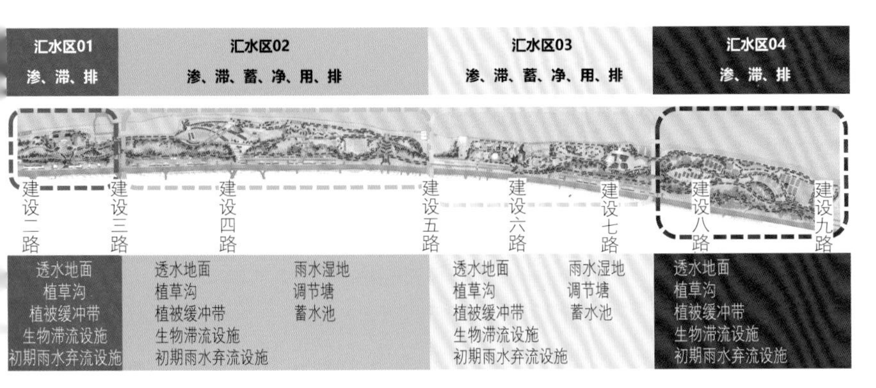


∧ 汇水区划分及技术措施选择

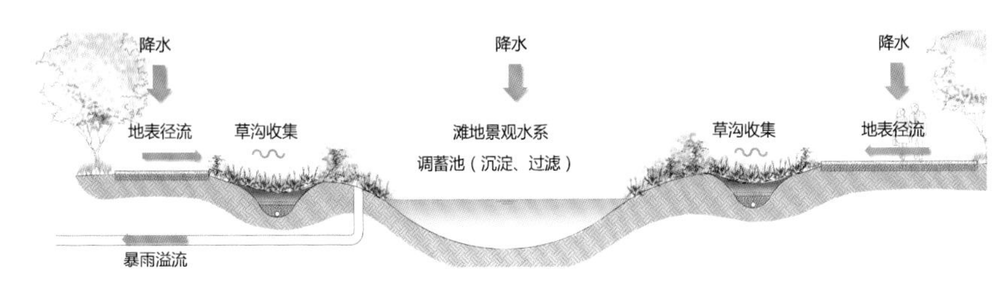


∧ 雨水沉淀及过滤措施选择

（3）问题需求分析

①堤坡面雨水径流流速快，易造成水土流失。根据《海绵城市建设技术指南——低影响开发雨水系统构建（试行）》的要求，滨水绿化控制线范围内的绿化带接纳相邻城市道路等不透水汇水面的径流雨水时，应设计为植被缓冲带，以削减径流流速和污染负荷。

通过缓坡式改造，武青堤堤坡变为（1∶6）~（1∶15）的缓坡，坡面面积增大，导致坡面雨水径流流量加大。为防止堤坡面水土流失，在两侧的堤坡上都种植了大量的植被，包括乔木、灌木、野花、草坪，构成了立体的植被缓冲带，通过植被的阻碍作用，削减堤坡面上的径流流速。由于堤坡高于临江大道，路面径流不进入堤防及滩地范围内，所以堤防及滩地部分的径流污染负荷很小。

②用地呈带状，面积大、长度长，不利于雨水资源化利用。根据《海绵城市建设技术指南——低影响开发雨水系统构建（试行）》的要求，应充分利用城市水系滨水绿化控制线范围内的城市公共绿地，在绿地内设计湿塘、雨水湿地等设施调蓄、净化径流雨水，并与城市雨水管渠的水系入口、经过或穿越水系的城市道路排水口相衔接。

∧ 江滩内的大面积草地

∧ 场地内的步道铺装

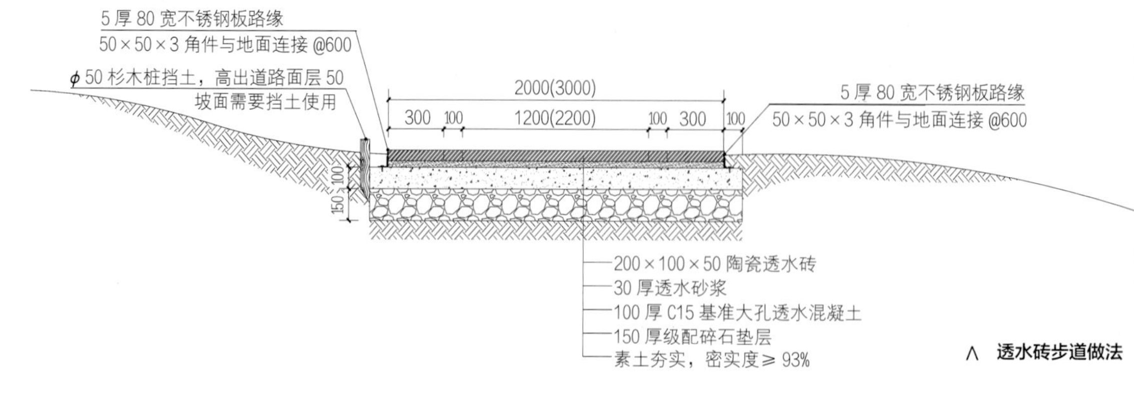


∧ 透水砖步道做法

（4）海绵城市改造（建设）目标与原则

①改造（建设）目标如下：

a. 年径流总量控制率 85%；

b. 设计降雨量 43.3mm；

c. 雨水调蓄容积 8660m$^3$；

d. 雨水瞬时收集传输容积 7249.2L/s；

e. 透水铺装率＞ 70%；

f. 绿色屋顶率＞ 70%。

②改造（建设）原则。海绵城市建设应遵循生态优先的原则，将自然途径与人工措施相结合，在确保城市排水防涝安全的前提下，最大限度地实现雨水在城市区域的积存、渗透和净化，促进雨水资源的利用和生态环境保护。建设海绵城市并不是推倒重来取代传统的排水系统，而是对传统排水系统的一种“减负”和补充，最大限度地发挥城市本身的作用。在海绵城市建设过程中，应统筹自然降水、地表水和地下水的系统性，协调给水、排水等水循环利用各环节，并考虑其复杂性和长期性。

∧ 道路透水铺装

∧ 公园内大面积的透水地砖铺装

∧ 景观及道路铺装顶视图

∧ 生态草沟

（5）总体方案设计

总体方案设计包括雨污分流设计、径流控制量设计、竖向设计，及汇水分区、设施的选择与工艺流程、总体布局。本工程以堤顶中心线为界，迎水面堤坡及滩地部分的雨水在滩地内消纳，背水面堤坡雨水进入临江大道雨水系统。在滩地内，设置了生态草沟、雨水湿地及湿塘等措施，将滩地及堤坡迎水面的雨水进行生态化的收集、调蓄和净化，并将净化后的雨水储存用于植被养护浇灌用水。整个堤防及滩地分为四个汇水区域，每个区域都具备了“海绵城市”功能。

以其中一个汇水分区为例，区域内建设有生态草沟、雨水湿地、雨水调蓄池、雨水回用等海绵设施。由于江滩不同于城市区域，滩地范围内的地表径流基本不存在面源污染问题，整个场地绿化都可视为绿化缓冲带，雨水径流经过绿化缓冲带后，不仅减缓了流速，更是对径流内的固体废弃物起到了一次非常有效的过滤作用。

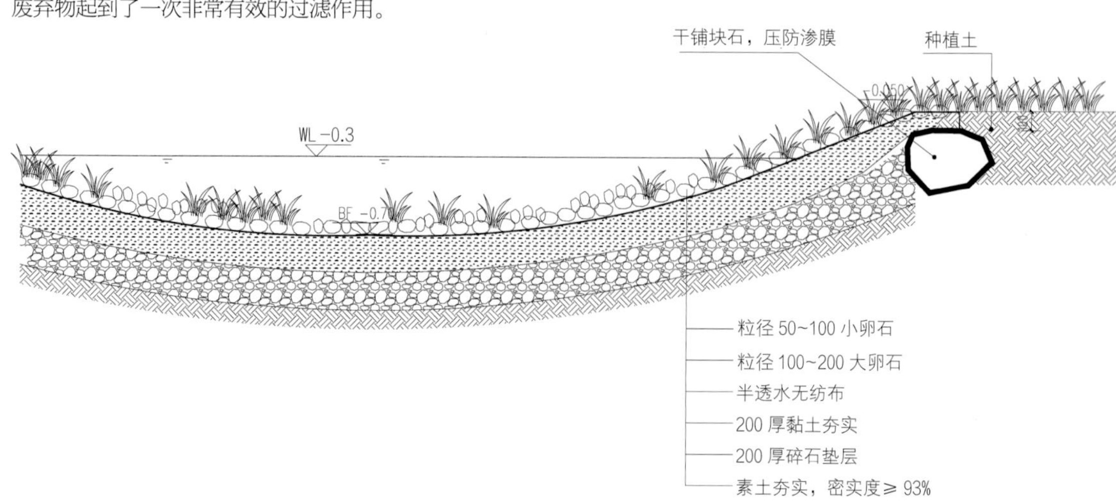


∧ 生态草溪做法

∧ 保留原有防浪林

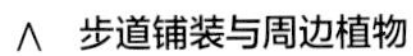

∧ 步道铺装与周边植物

＜ 雨水花园

青山江滩的缓坡式堤防设计，将滩地和堤防融为一体。雨水径流通过缓坡汇集到坡脚的滩地上。坡脚处是江滩内的主要交通干道，沿道路边设置了生态草沟和雨水收集干管，用来收集从堤坡上流下的雨水。滩地上的雨水通过景观地形的引导，连同雨水管网收集的坡面雨水，最后都排到滩地内的雨水调蓄池和雨水湿地内。雨水湿地内种植各类水生植物，其根茎对雨水进行进一步过滤和净化，让收集的雨水达到可以使用的标准。净化后的雨水汇入雨水调蓄池内，作为江滩的景观水体。可以在水体内养殖观赏鱼类，并利用该水体进行江滩内的绿化灌溉。汇水区内硬化的场地和道路都采用透水铺装，雨水可经铺装层、基层直接下渗到土壤内，回补地下水。

< 江滩景观及婚礼堂建筑

## ■ 公园建设的意义

（1）展现城市生态低碳转型的强烈决心

拆除滩地上建筑面积约 3.15 万平方米的砂场、码头及厂房，改建为更具防洪、抗洪功能的滨江公园。

（2）成为规模宏大的城市江滩公园的一部分

武汉市武青堤为武汉市内长江主轴的一部分，全长 7.5km，约占现有武汉市内长江堤岸总长的 14%，为武汉市“两江四岸”江滩规划的一部分。到“十三五”末，武汉江滩公园总长度由之前的 50km 达到 85km，面积由之前的 500 万平方米达到 1000 万平方米。

（3）城市生态江滩建设理念的创新

武青堤江滩是武汉市生态江滩建设理念创新的一次成功尝试，不仅打破了传统堤防阻隔人水相亲的桎梏，还将城市立体空间开发的概念引入江滩建设。新的生态建设理念的成功实践为今后武汉江滩建设提供了可供参考的模式。

（4）降低气候变化风险，防洪减灾

2016 年汛期，武汉遭受了武汉关自 1865 年有水文记录以来第五高的洪水位 28.37m(高于警戒水位 1m 以上)。新建的缓坡堤防经受住了洪水考验，未出现任何险情。

∧ 沿坡道而建的滑梯

∧ 休憩空间

∧ 江边美景

（5）城市排涝作用

2016 年，武汉市全市梅雨期平均降雨量 959.2mm，是常年梅雨期降雨的 2.5 倍，最大 7 日降雨量达 733.7mm，24 小时降雨量达 370.6mm，均超 100 年一遇标准（344mm）。面对特大暴雨，本项目场地内未出现渍水现象，超过了 50 年一遇标准。

（6）降低温室效应

公园内茂密的植被改善区域小气候。通过吸热、遮阴和蒸腾作用，消耗太阳辐射能量，使城市气温显著降低，缓解了城市的“热岛效应”。降低区域内的温度约 3℃。

（7）节能减排成就，滩地绿化增加碳汇量

堤防江滩及临江大道场地面积 150hm$^2$，水系及绿化面积约 88hm$^2$。其中项目绿化总面积 70 万平方米，总共种植乔木 4.5 万株，种植灌木 32.5 万平方米，种植草花和草坪 38.7 万平方米。按照 IPCC（2006 IPCC Guidelines for National Greenhouse Gas Inventories）热带和亚热带人工林中地上部生物量的净生长最低值亚热带草原地上部生物量的净生长值 6t 干物质 /（hm$^2$·年）和干物质碳比例（CF）0.47t 碳 /t 干物质，计算得出本项目每年可增加碳汇量 723.8t。

（8）拆除高能耗企业，加快企业转型

本项目拆除滩地上的砂场 21 家、散装码头 4 家、物流货场 2 家、高排放企业 2 家。

∧ 儿童游乐场地

# 遂宁南滨江公园

**项目地点：**四川省遂宁市
**项目面积：**130hm$^2$
**设计公司：**易兰规划设计院 ECOLAND
**主创设计师：**陈跃中、莫晓
**设计团队：**唐艳红、田维民、杨源鑫、张金玲、李硕、胡晓丹、陈廷千
**合作单位：**四川省建筑设计研究院有限公司
**摄影：**河狸景观摄影、目外摄影

## ■ 项目概述

遂宁南滨江公园景观设计项目位于四川省遂宁市，四川盆地中部腹心，涪江中游。遂宁市地处成渝经济圈的腹心，人口、经济和产业不断发展，对四川省的发展起到引领和带动作用。市政府希望通过滨江南路景观带的打造，为遂宁增加一个美丽的城市名片，为市民增加一处喜闻乐见的滨水休闲场所。项目面积约 130 万平方米，景观带全长约 9km，延涪江分为三段。滨江公园的打造是基于其中城南活力段的规划进行设计的 。

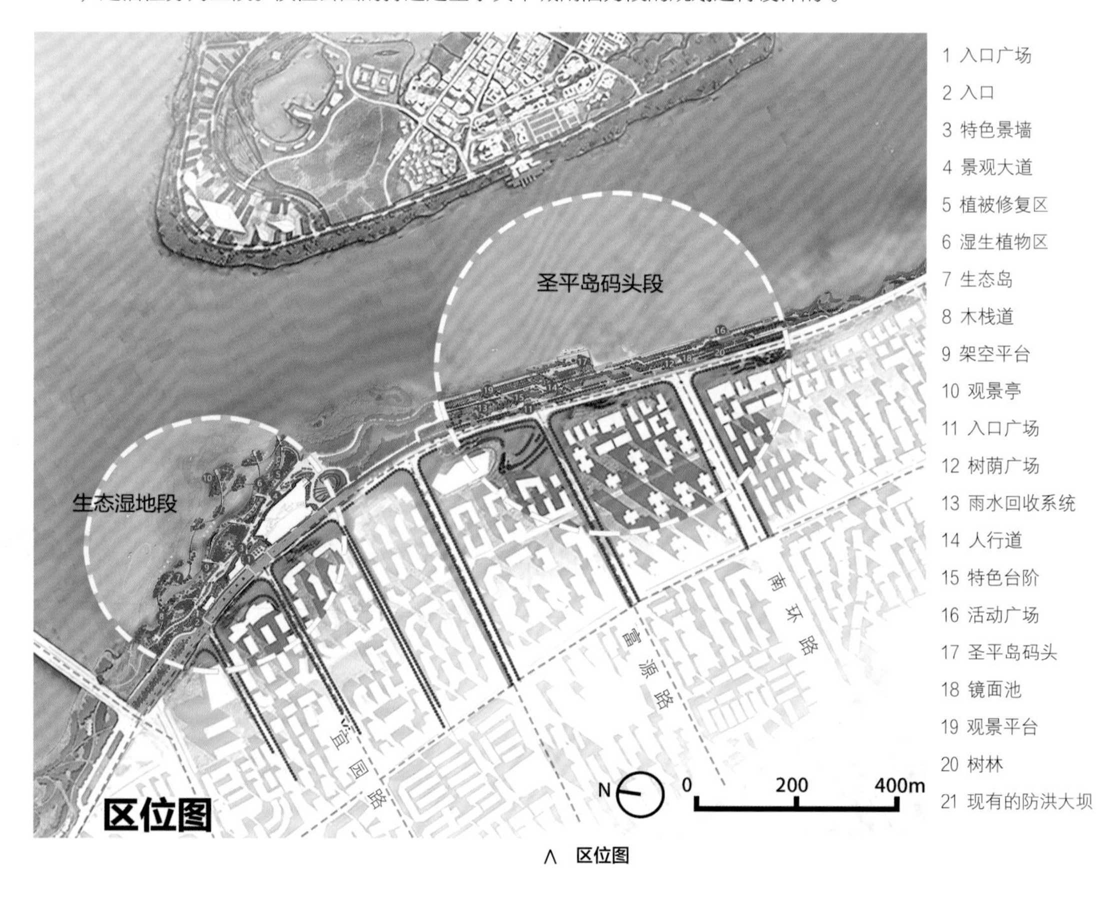


∧ 区位图

∧ 滨水广场日景

∧ 滨水广场夜景

项目建成后受到国际专业同行的一致认可，获得ULI城市土地学会亚太区卓越奖、ASLA美国景观设计师协会综合设计类荣誉奖、IFLA国际风景园林师联合会基础设施类杰出奖（Outstanding Award）等设计荣誉。

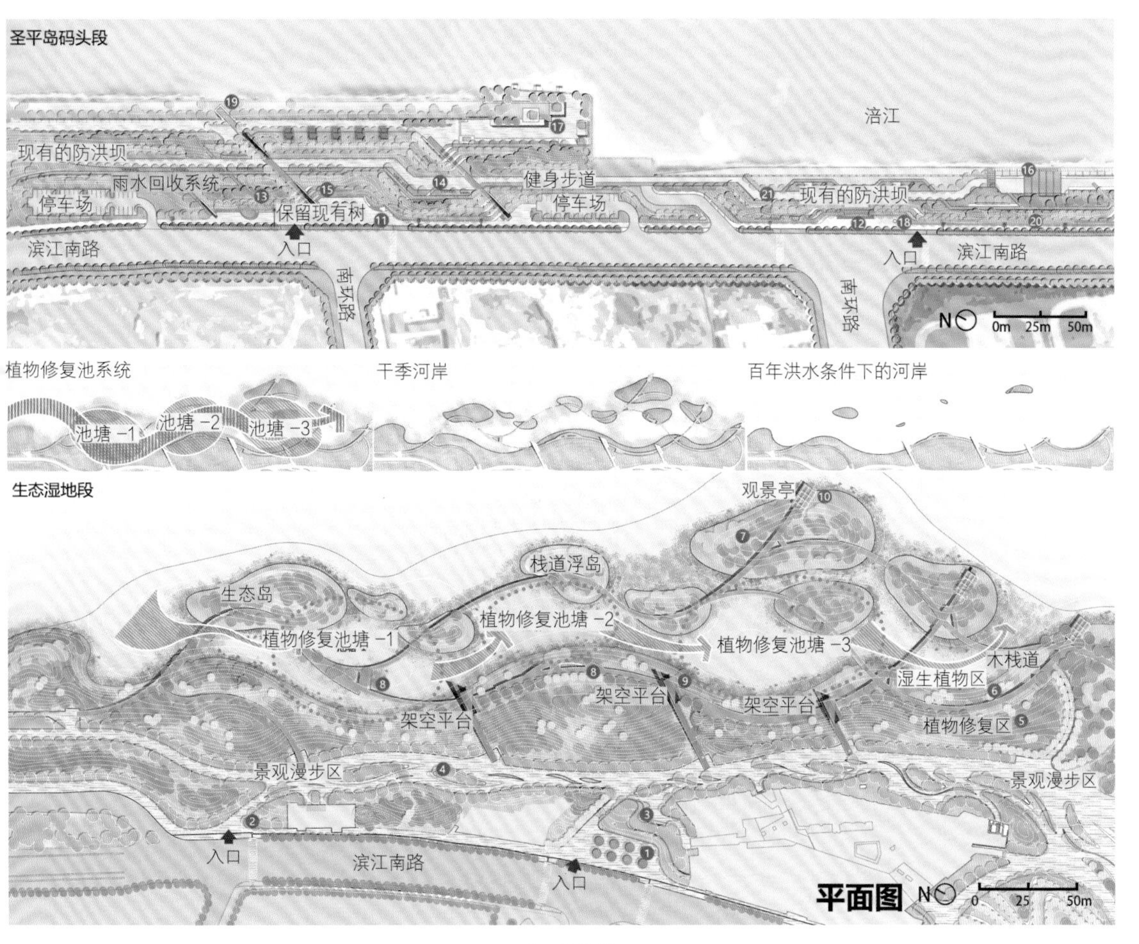


∧ 平面图

## ■ 设计理念与特色

### 1. 着眼全局打造绿色慢行网络，内外兼修

设计方案将一个被市民忽略的沿江大坝带状地，变成一个满足不同人群活动需求的高参与性滨江绿带公园。方案在尊重原有河岸及河堤路的基础上，增加了贯穿整个河岸线的慢行系统、健身步道及配套休闲设施。着重打造了滨水休闲界面和滨江路城市景观界面。在与涪江相接的滨水界面上设置了码头、滨水广场，挑出水面的观景台、休闲廊架，以及适合各个年龄段市民休闲活动的设施。与城市相连接的城市界面，则通过小型开放广场、台地地形塑造、汽车停靠站以及沿街绿化等的重新梳理，打造清新怡人的街景空间，将城市环境与滨水公园无缝连接，把市民自然地引入公园环境中，为市民提供了一个高参与性的滨江绿带公园。

< 改造前后对比

设计方案关注项目在整个城市片区中的定位及其功能联系，将滨江公园打造成整个城市慢行网络的核心区域，重点处理其与周边路口的街道接驳点，使其成为多个慢行圈的交叉点。对老码头的改造提升使滨江公园也成为涪江游船的停靠点和休闲活动最为集中的区域。完成后的滨江公园已成为联系城市片区的纽带，对接整个城市的绿色廊道和活动空间。

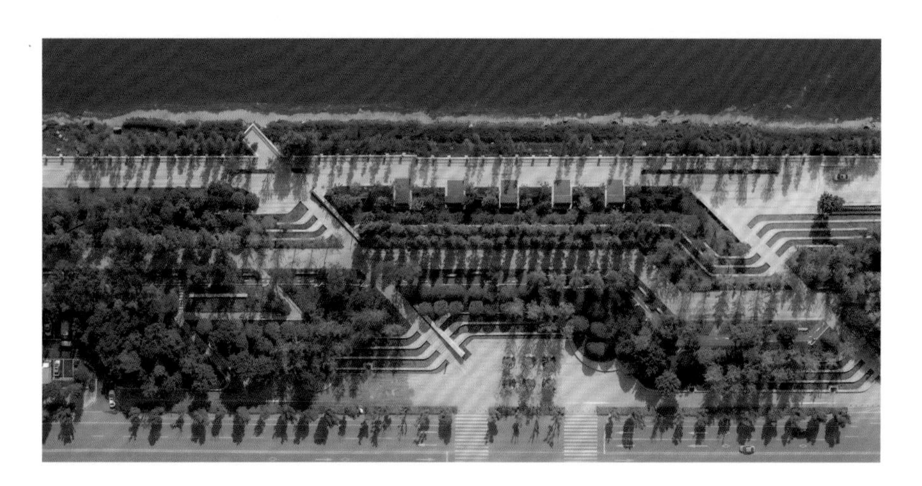

< 滨水广场俯视图

设计方案深入研究游人活动的线路及心理需求。针对停留、观赏、游览、服务等路径进行深入设计，结合城市空间形态带给人们的视觉和文化感受，构建城市慢行空间系统及驻足眺望节点空间。设计方案结合跨江大桥的分布和特点，依据各段景观定位进行重点设计，形成多种形式的景观空间区域。设计方案注重营造公园连续的慢行系统，增进城市与公园连接，以特色人行道、过街地下通道、过街步行桥、景观步行桥四种形式将城市人群引入滨江公园之中。

∧ 构建城市绿色慢行系统

## 2. 低影响开发理念营造景观环境，因地制宜

设计方案秉持低影响开发的理念，在沿城市界面的河堤反坡上，因势利导地利用原有地形塑造富于观赏性的台地花园。梯台景观与路径上的台阶精致地组合为一体，令人耳目一新，依坡就势保留场地中的植物群落，合理地组织地表雨水，层层浇灌，沿途利用跌落水口造景并通过在人行道铺装上设计精巧的细沟，把过剩的雨水最终导流进入街边的绿化带中。这个设计把整个步行街组织成为一个雨水管理的展示花园，收集和利用降水径流，把自然生态的理念与精致的设计细节有机结合为一体。

设计方案充分考虑周边地块的用地性质，在园区内设置了丰富多彩的活动内容和游赏空间；尽量保留场地中原有的树木和可利用的铺装，减少浪费，摒弃高投入的建造模式；对原有的大树予以保留，并围绕它们进行设计，或利用座椅环绕大树形成别具风情的林下休闲节点，或将时尚新颖的廊架穿插掩映于树冠之间，相得益彰。

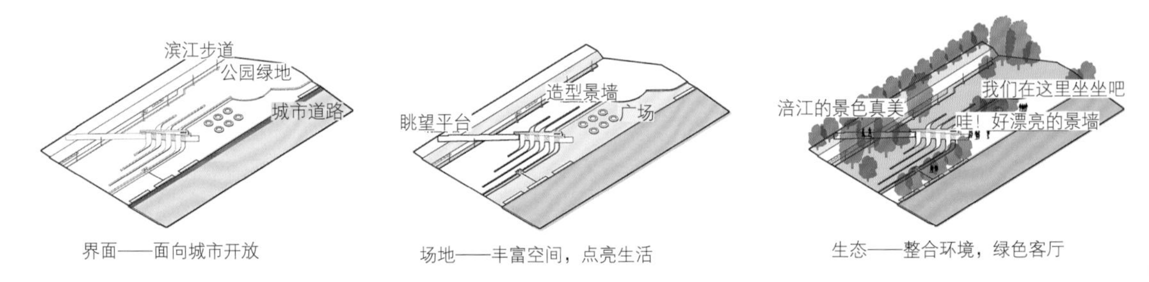


界面——面向城市开放　　场地——丰富空间，点亮生活　　生态——整合环境，绿色客厅

∧ **通过设计突破堤顶阻拦，拉进滨水空间与街景界面的联系**

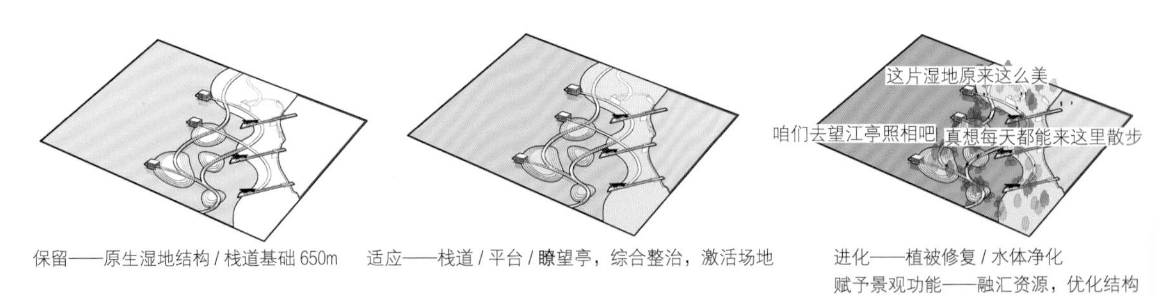


保留——原生湿地结构 / 栈道基础 650m　　适应——栈道 / 平台 / 瞭望亭，综合整治，激活场地　　进化——植被修复 / 水体净化
赋予景观功能——融汇资源，优化结构

∧ **生态修复**

∧ **雨水管理台地花园**

< 对原有的大树予以保留并围绕它们进行设计

**3. 结合现状合理分区，各得其所**

根据周边用地性质，设计方案将整个滨江公园分为城市活力段、休闲商业段和生态湿地段。

（1）城市活力段

城市活力段对应周边居住生活用地。在城市道路与滨江堤路之间，增设多个连接通道，使城市居民可以便捷地到达水边游赏。设计方案保留了这一区段原有的防洪堤岸和堤顶路，以减少工程量和施工造价，并在改造中重点提升堤岸的生态景观及市民休闲功能，对笔直乏味的堤顶路进行人性化、精致化和趣味化改造，丰富游人的景观体验。在条件允许的地段将堤坝改造成为亲水台阶，增设景观平台，为游人提供多样的公共活力空间及滨水体验。此外，设计方案在原有堤岸路的基础上增设了沿堤跑步道及各种休闲互动空间设施，通过这些措施，将枯燥乏味的堤顶路改造成为绿荫相间、可游可赏可驻足的慢行系统。

< 亲水栈道与观景亭

（2）休闲商业段

在休闲商业段，利用改拆原有商业建筑腾出的建筑指标，增设休闲服务建筑，形成一定的空间围合度，聚集人气，提供服务，方便市民，在绿地空间中营造出一处可供人们团聚和享受生活服务的场所。

< 为市民提供夜间休闲的好去处

< 打造高参与性的滨江绿带公园

< 周边市民在公园内跑步

（3）生态湿地段

生态湿地段，利用原有的低洼坑塘，调蓄水位，保留原生湿地结构，以最少的人为干预，实现低成本的修复模式。疏通坑塘水系，增强河流景观的蓄洪调水功能。形成水生植物茂密，鱼鸟尽欢的湿地公园。休闲设施根据不同水位的涨落情况进行合理布局。利用架空栈道及廊架休闲设施，为人们提供丰富有趣的自然体验。此外，设计方案十分关注栈道系统与周边地块的联系，将周边商务区与居民区的步行道延伸到湿地栈道系统中，形成该片区的环状慢行网络。

< 密林湿地

∧ 镜面水池

∧ 滨水广场鸟瞰

∧ 架空平台

∧ 市民在公园内的日常活动

< 巧妙处理了场地高差，提供畅通无阻的野生动物走廊

< 针对停留、观赏、游览等路径进行深入设计

## 项目建成后的评价及意义

项目一期落地，展现出设计团队用现代手法演绎自然环境与人文传统的理念追求，实现了政府和市民所期望的“城市客厅、游憩中心、生态腹地”的环境目标，为遂宁的市民提供了一处理想的休闲去处。

< 城市客厅

< 成为婚礼取景的好去处

# 四海公园景观提升工程

**项目地点：** 广东省深圳市蛇口
**项目面积：** 13.5hm$^2$
**设计公司：** 深圳园林股份有限公司；深圳园林规划设计院－创新研究院
**主创设计：** 彭章华、刘沁雯
**方案设计：** 刘沁雯、黄种劲、赵贝
**施工图设计：** 王本进、廖宣昌、郭彪、黄耿生、张家源、麦耀锋
**植物设计：** 陆远珍、陈锦燕、吴闻燕
**水电设计：** 骆建文、文新宇、张娟娟、张学财、朱丽倩
**结构设计：** 王显都、李巍
**摄影：** 陈卫国

## ■ 项目概况

四海公园始建于 1987 年，占地面积约 135501m$^2$，其中水体面积约 38000m$^2$，是蛇口中心城区最大的城市公园，也是中国第一批向市民免费开放的公园之一。三十多年间，快速生长的城市与缓慢等待的公园形成了鲜明的对比。人口的剧增、功能需求的冲突、城市界面的剥离、不再流动的水、配套设施的老化……经过改造提升，再生的公园为周边的市民提供了优质的生活居住环境和文化乐土，保留了一代人对改革开放珍贵的青春记忆。

1 盖世金牛
2 叠水桥
3 晴雨阶
4 岭南茶苑
5 荔林园
6 滨水栈道

＜ 彩色平面图

## 规划设计基本思路及主要内容

项目以“三十而立——一座城市公园的担当”为设计理念，打造一个全龄化的“无边界”中心滨湖公园。整体景观以“开放之界、活力之环、碧水之涌”三个层级结构入手，以开放的街区边界、全龄化的活动设计、充满活力的游园系统、洁净优美的水体环境、绚丽夺目的花漾景观为设计特色。

景观提升方案保留和改造了盖世金牛、岭南茶苑等传统精神场所，改造了百年荔枝林下空间，并通过生态手法改善了水环境，修建了舒适的滨水栈道。共打造了盖世金牛、晴雨阶、荔林园、杜鹃园、岭南茶苑、梯田叠水、叠水桥、桃花岛等30多处特色景观。

公园的景观提升在改善水环境和激发社区活力的同时也保留了其珍贵的记忆。作为蛇口之心的四海公园，对城市生活与城市责任做出了最切实的回应。

< 全园鸟瞰

## ■ 公园主要景观节点

### 1. 盖世金牛

30m 高的大型艺术雕塑盖世金牛是四海公园最核心的情感记忆点，将城市的片段与生活片段重新组织在同一场景下，用符合当代的方式重塑旧时公园的场景。过去的故事、现在的城市与当下的生活在叠合中重现时间的流动。公园对原有韩美林大师的盖世金牛雕塑做了结构加固以及表皮刷新，在前广场打造旱喷广场，成为公园游人聚集的标志性活动空间。

∧ 盖世金牛效果图

∧ 盖世金牛实景图

∧ 岭南茶苑效果图

∧ 岭南茶苑实景图

### 2. 叠水桥

叠水桥是连接东西两湖湖水高差跌落的桥梁，在桥下运用太湖石堆叠形成叠水假山，成为湖面绝佳的视觉焦点。

### 3. 晴雨阶

此节点视线绝佳，向湖面环视，美景尽收眼底，是品鉴公园阴晴雨雾的好地方。尤其是多雨时节，烟雨蒙蒙，漫步湖滨，观赏假山叠水、桃花岛、荔枝林海，感受朦胧美。

### 4. 岭南茶苑

一棵榕树、一方茶苑、一片墙、一扇窗，它们是过去三十年时光的叙事里不同时间的刻度。物质是时间在空间里的投影。对物质要素的提炼，让刻度变得更清晰，让人的感知变得更充分。改造老旧的茶室，加入书吧、茶吧、展览馆等功能活动，激发场地活力。青砖灰墙下，茶说过去，用新的情绪记录这一刻的时间。

### 5. 荔林园

成片的荔枝林、落羽杉林都是属于城市起点非常重要的符号。公园零碎的资源得到重新解读，让其核心价值得以升华，引发共鸣，形成生活与自然的交融空间，留下城市原点的时间线索。景观提升方案保留了原有公园的荔枝林，改造林下空间，结合地形增添休闲平台、环林步道，成为游人亲近自然、休闲生活的活力场所。

< 落羽杉林效果图

< 落羽杉林八音台实景

< 荔枝林下的平台效果图

∧ 荔枝林实景

∧ 荔枝林平台实景

### 6. 滨水栈道

依水而建的环园步行系统以及渗透性的网状路径将自然带进生活的场景。路径让独立的板块功能重新交织、融合。非定义化的功能空间力求满足在时代进程里因社群重构而不断变革的功能需求。

∧ 滨水栈道实景

## 公园设计的创新点及特色

### 1. 开放的公园边界

公共空间不应成为割裂的孤岛，街道和公园之间应有“厚度”。构建公园的开放边界，连接城市脉络，让游园空间形成流动的区域，让偶然的相聚产生更多的城市主题。蛇口中心城区的街道是适宜行走的小尺度街道，公园改造后，打开了城市边界，增加了“边界厚度”，完善了城市慢行系统，把公园与社区深度交融在一起，重生了街区。

< 街道与公园的“厚度”

< 儿童乐园实景

### 2. 文化的传承与创新

对于公园内留存时代记忆的传统构筑物，设计师们以“小拆微改造，传统兼现代”的手法进行翻新。既保留了原有的活动与情节，也植入了新的弹性空间，以满足未来不断变化的功能需求。在时间、空间和文化层面上都是一个连续性与适应性相辅相成的过程。

### 3. 可持续的湖水生态

园区通过滨湖驳岸的空间设计，利用葱郁的植被柔化水陆边界，提供了更多的生态栖息地。路径化的导流系统与梯田式的植物过滤系统让地表径流得以净化，使流入湖区的水质得到保障。一方面，水体循环的管网与梯田式水位布局有效控制了内源污染与水质，增强了水活性；另一方面，利用枯草、黑藻等具有水净化能力的沉水植物，给湖底铺上绿色基底，同时投放黑鱼、青虾等水生动物及其他浮游动物，完善湖区的生物群落组成，建立稳定、适应力强、多样性高的水生态系统，形成长久、可持续的生态水下生境。

洁净的湖水改善了周边的微气候，拉近了城市与湖水的关系，使市民与水面更加亲近。

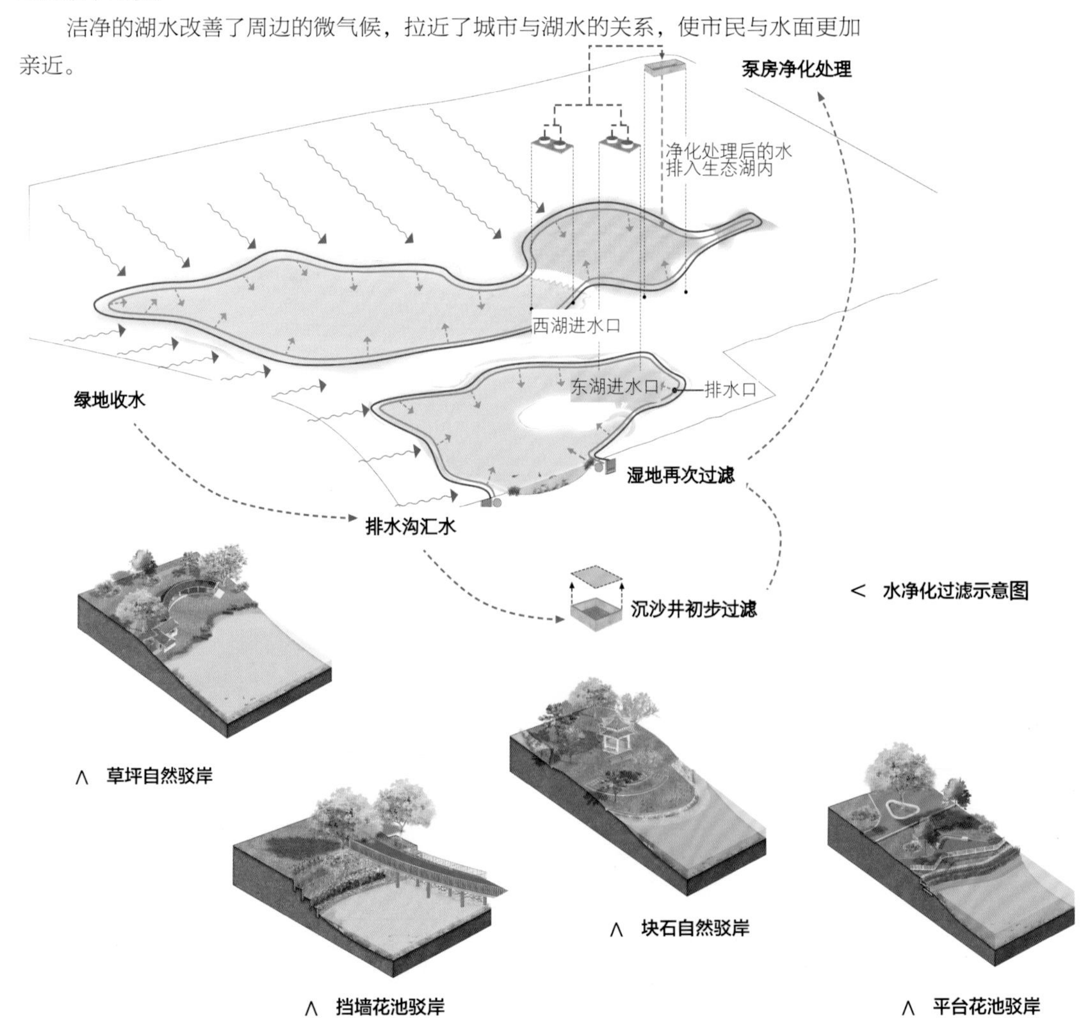


< 水净化过滤示意图

∧ 草坪自然驳岸

∧ 块石自然驳岸

∧ 挡墙花池驳岸

∧ 平台花池驳岸

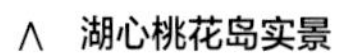

∧ 湖心桃花岛实景

∧ 弯月廊实景

< 湖心岛与叠水桥实景

## 公园景观提升工程带来的生态效益

①四海公园的湖岸为硬质直立堤岸，大量淤泥形成的内源污染释放，给水体带来了污染。改造后的公园柔化了水陆边界，净化了地表径流，有效控制了内源污染与水质，增强了水活性，形成了可持续的水下森林生态系统。

②洁净的水体和大大增加的水陆交界带绿地，连同公园内保留的 2000 多棵乔木共同提供了丰富多样的生物栖息地，吸引众多鸟类在此停留相伴、筑巢为家，形成了和谐稳定的生态系统。

∧ 听雨亭实景

∧ 放生池边驻足的小鸟

∧ 湖畔实景

# 蚝乡湖公园

**项目地点：** 广东省深圳市
**项目面积：** $13hm^2$
**设计公司：** 香港译地事务所
**主创设计师：** 张谦，唐筱璐
**合作单位：** sbp 施莱希工程设计咨询有限公司，LAAB Architects，趣城（上海）规划建筑设计有限公司，上海市城市建设设计研究总院（集团）有限公司，北京正和恒基滨水生态环境治理股份有限公司
**摄影：** 曾天培、章勇、廖文剑

## ■ 项目概述

由香港译地事务所设计的蚝乡湖公园占地 $13hm^2$，位于深圳市宝安区沙井街道，连接了排涝河、新桥河、万丰河、潭头河等四条城市河流。作为重要的雨洪调蓄池，蚝乡湖及其周边流域一直为当地的防汛与截污起到重要作用。但由于日益恶化的水质和周边工业厂房对环湖场地的占用，这里已逐渐被周边市民所遗忘。

∧ 公园鸟瞰

< 公园夜景鸟瞰

这个项目始于 2019 年，伴随广东省万里碧道的建设展开，蚝乡湖与周边流域共同开展生态治理，大幅提升了整体的水质，并借助城市更新的机会将环湖的空间打造为一座开放的滨水公园，以弹性的再生手段带来积极的环境影响，并解决不断增长的社区居民对开放空间的使用诉求，以及城市快速发展带来的社会问题。

< 改造前后空间对比

< 驳岸改造前后对比 1

< 驳岸改造前后对比 2

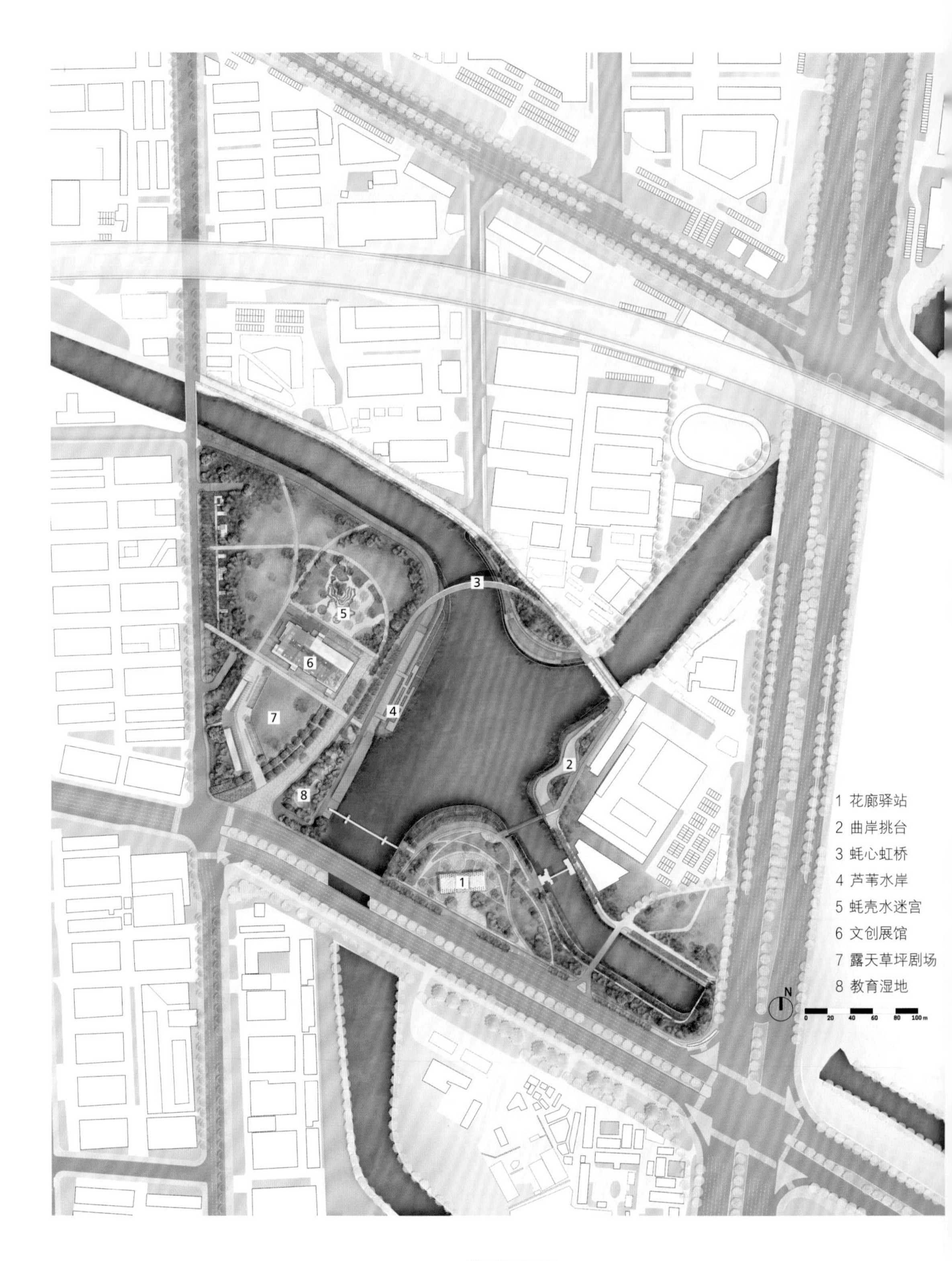
1
2
3
4
5
6
7
8
1 花廊驿站
2 曲岸挑台
3 蚝心虹桥
4 芦苇水岸
5 蚝壳水迷宫
6 文创展馆
7 露天草坪剧场
8 教育湿地
N
0
20
40
60
80
100 m

∧ 公园总平面图

## 设计理念与特色

### 1. 水岸重联

一个 850m 的步行环道将四片河岸空间重新连接，并在不同的区域与场地碰撞出蚝心虹桥、水闸观景台、花廊驿站等景观锚点。

### 2. 弹性再生

除了人工湿地、滞留草坪等低影响的环境设施，一个更具弹性的水岸也能吸引市民体验和认知自然，了解对水环境的保护。经过缜密的行洪评价与分析，原有 600m 长的驳岸垂直挡墙被改造为生态石笼墙梯级湿地，在净化水体的同时，营造生态群落生境，并提供多维度的亲水可能，包括架高的芦苇水岸栈道、可被淹没于洪水之下的滨水步道等。

### 3. 文化焕新

设计团队保留了原有的沙井发电厂建筑并将其改造为文创展馆，重申了城市遗产的文化属性，并在其周边设计了各类活动空间，包括面向学生和亲子家庭的蚝壳水迷宫、教育湿地，以及面向文化团队满足露天展演需求的大草坪。当地传统的蚝壳筑墙工艺也被用于项目当中，以建造的景墙向市民展示这项富于文化内涵的高超工艺。

< 曲岸挑台

< 芦苇水岸

< 教育湿地 1

< 教育湿地 2

< 教育湿地 3

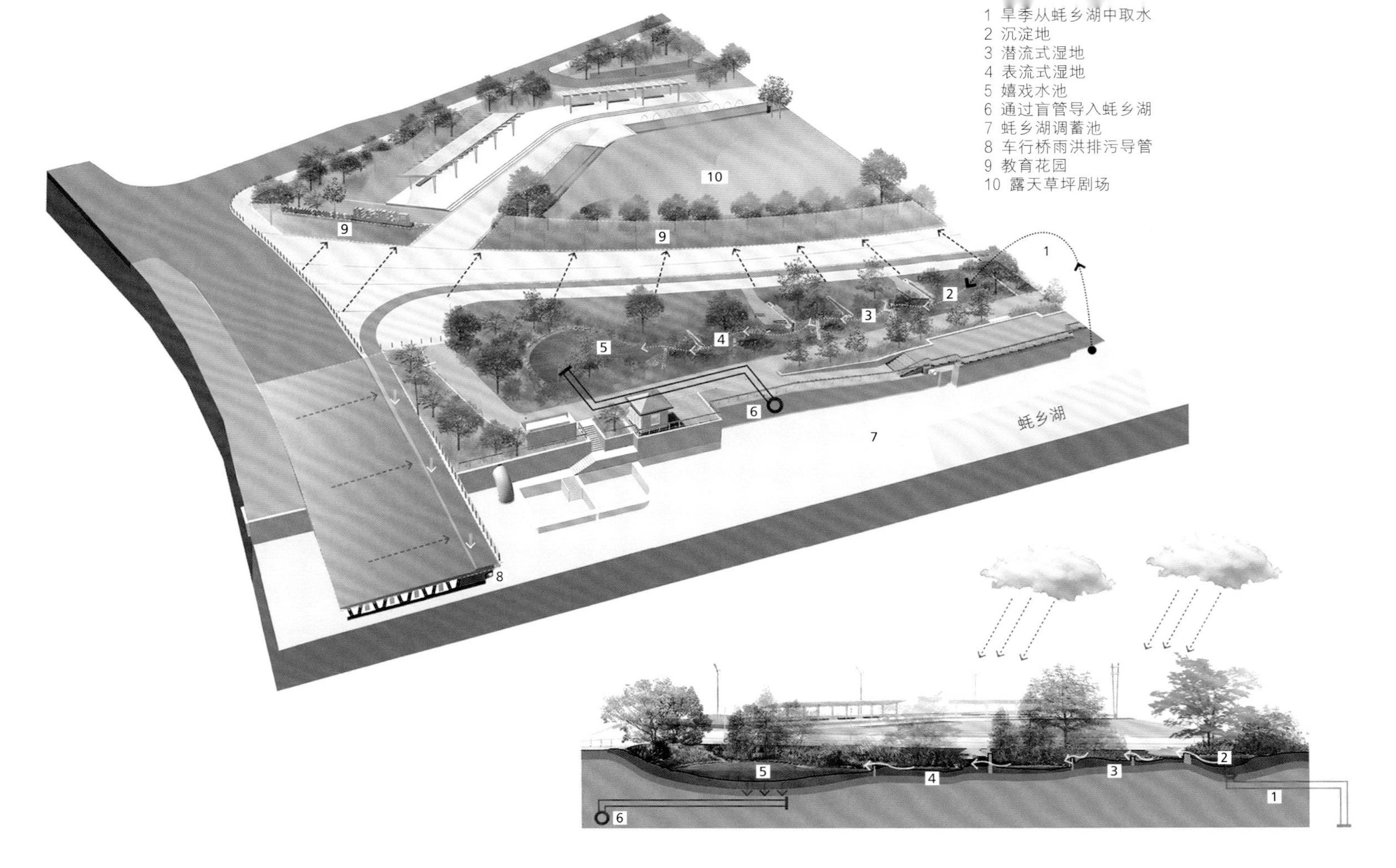
1 旱季从蚝乡湖中取水
2 沉淀地
3 潜流式湿地
4 表流式湿地
5 嬉戏水池
6 通过盲管导入蚝乡湖
7 蚝乡湖调蓄池
8 车行桥雨洪排污导管
9 教育花园
10 露天草坪剧场
蚝乡湖

∧ 教育湿地分析图

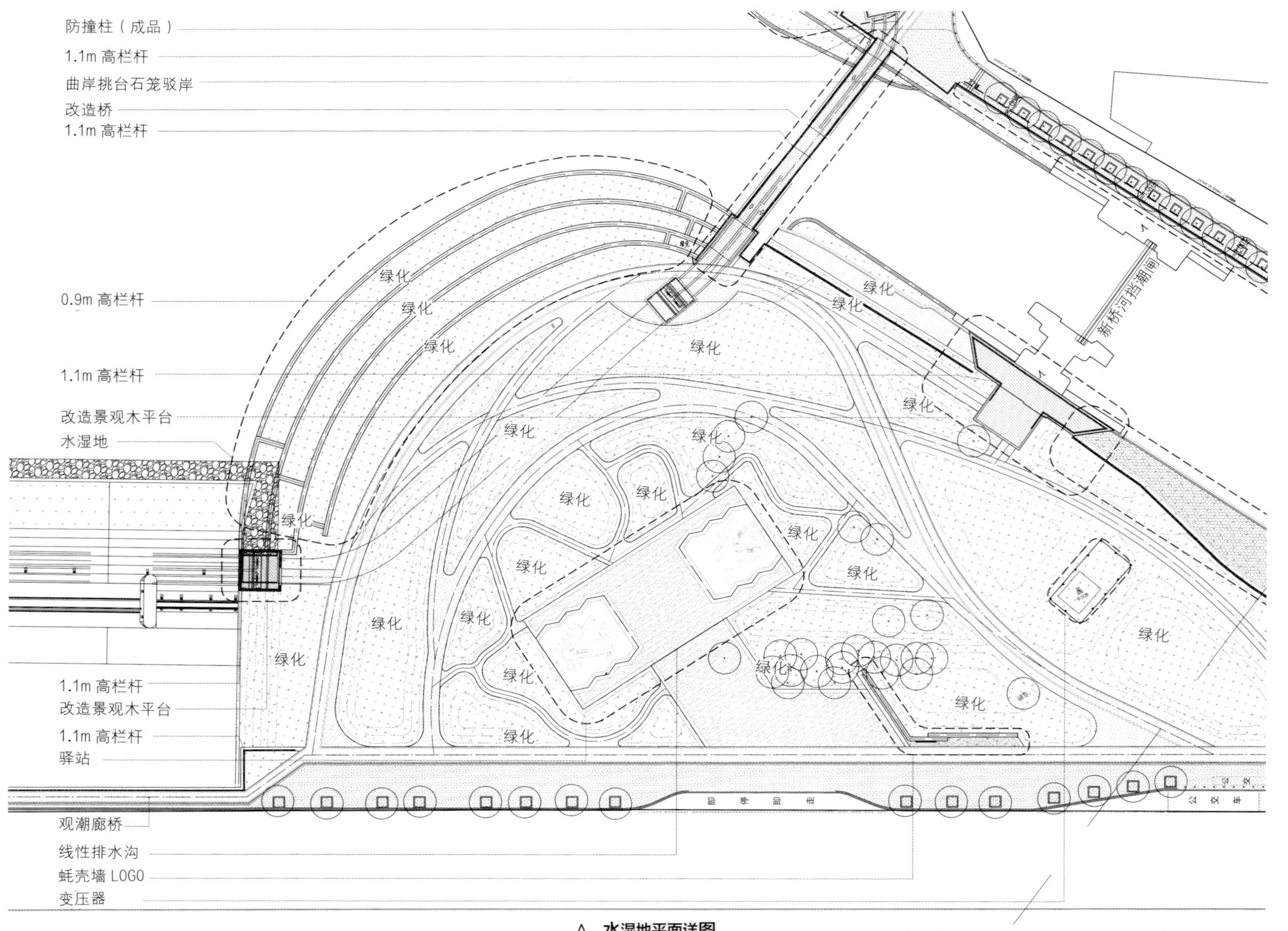

防撞柱（成品）
1.1m 高栏杆
曲岸挑台石笼驳岸
改造桥
1.1m 高栏杆
0.9m 高栏杆
1.1m 高栏杆
改造景观木平台
水湿地
1.1m 高栏杆
改造景观木平台
1.1m 高栏杆
驿站
观潮廊桥
线性排水沟
蚝壳墙 LOGO
变压器
新桥河挡潮闸
绿化


∧ 水湿地平面详图

∧ 教育湿地

∧ 公园入口的蚝壳墙

∧ 蚝壳水迷宫

## ■ 详细设计与措施

### 1. 花廊驿站

花廊驿站的设计与LAAB合作，采用参数化的菱形屋面与幕墙。驿站两侧布置咖啡厅和洗手间，中间的开放空间与公园连为一体，是市民喜爱的休闲之地。

∧ 花廊驿站外观

∧ 与公园景观融为一体的花廊驿站

花廊驿站鸟瞰

∧ 花廊驿站外观 1

∧ 花廊驿站外观 2

## 2. 蚝心虹桥

蚝心虹桥的设计与 SBP 合作，采用了总长 238m 的弧形钢箱梁结构，最大跨径为 77m。为了最低化影响河道与环境，一座跨河的虹桥应运而生，成为眺望公园和周边城市的最佳观景点。

< 蚝心虹桥（外观）

< 蚝心虹桥（桥上）

< 蚝心虹桥（鸟瞰）

## ■ 项目建成后的评价与意义

蚝乡湖公园已于 2021 年建成并交付使用，作为一年一度的蚝乡文化节的举办场所，成为当地文化的交流展示平台。除此之外，蚝乡湖公园中完善的基础设施建设也为周边市民提供了玩乐骑行、跑步漫步以及日常放松的休闲空间。

∧ 风之廊

∧ 蚝乡文化节

∧　滨水空间夜景

∧　儿童在公园中玩乐

∧　市民在公园中骑行

∧　滨水空间夜景

∧　市民在公园中游赏

# 成都麓湖生态城红石公园

**项目地点：** 四川省成都市
**项目面积：** 86905m²（景观设计面积）
**设计公司：** 易兰规划设计院 ECOLAND
**主创设计师：** 陈跃中、张妍妍
**设计团队：** 徐燚、Vince Abercrombie、颜繁宇、李灿、许联珠、李辉然、柏琳、邢文博、祝彤、王强、李金星
**合作单位：** 成都万华新城发展股份有限公司
**摄影：** 河狸景观摄影、易兰规划设计院 ECOLAND、成都万华新城发展股份有限公司

## ■ 项目概述

麓湖生态城红石公园一期（麓湖红石公园）位于麓湖总部经济及创意产业发展片区的中心地带，成都天府大道南延线麓湖生态城东区，是居住组团内对公众开放的社区公园。公园距离成都市中心 20km，总建设范围约 15 万平方米，本期设计面积 86905m²。项目定位为一座功能完善的兼具独立性与公共性的社区公园。原有场地相对简陋，活动空间分散、功能单一，场地和设施条件简单，对周边居民没有太多的吸引力，居民生活品质得不到提升，也缺乏社区归属感。易兰规划设计院的设计突破了传统社区公园模式，为居民带来全新社区生活体验。挖掘利用场地原始条件塑造场地记忆，用“融合互生”的设计理念与手法进行创作，在注重融合自然的理念、生态设计的手法、服务设施的功能、竖向高程的利用等方面均有创新之处。在构园理念上中西结合，追求中国造园“虽由人作，宛自天开”的最高境界。

< 滨水空间

∧ 麓湖规划图

## 设计理念与特色

### 1. 社区公园的模式创新

麓湖红石公园的建设与管理主体由政府转变为开发商，是为数不多的“开放式”社区公园典范，将传统居住区设计中零散分布的居住绿地集中利用，打造全开放的社区公园服务于居民。

易兰的设计团队力图打破传统社区公园仅提供简单步行道路和简单健身器械的做法，结合当前人们对丰富生活环境的需求，对场地功能进行了广泛而细致的思考。设计按照公园服务的不同年龄段人群的使用功能对动静空间进行分析与衔接，使之更加合理有效。在公园核心的太阳谷区域设置了满足动态活动需求的“儿童七彩游乐园”“阳光草坪”“中央烧烤区”和以静态活动为主的“香樟棋语林”“石生灵泉”“禅意空间”。另外，为了增加公园的可达性与更多步行到访的可能性，设计师为周边多个社区都设置了从社区直接进入公园的路线。

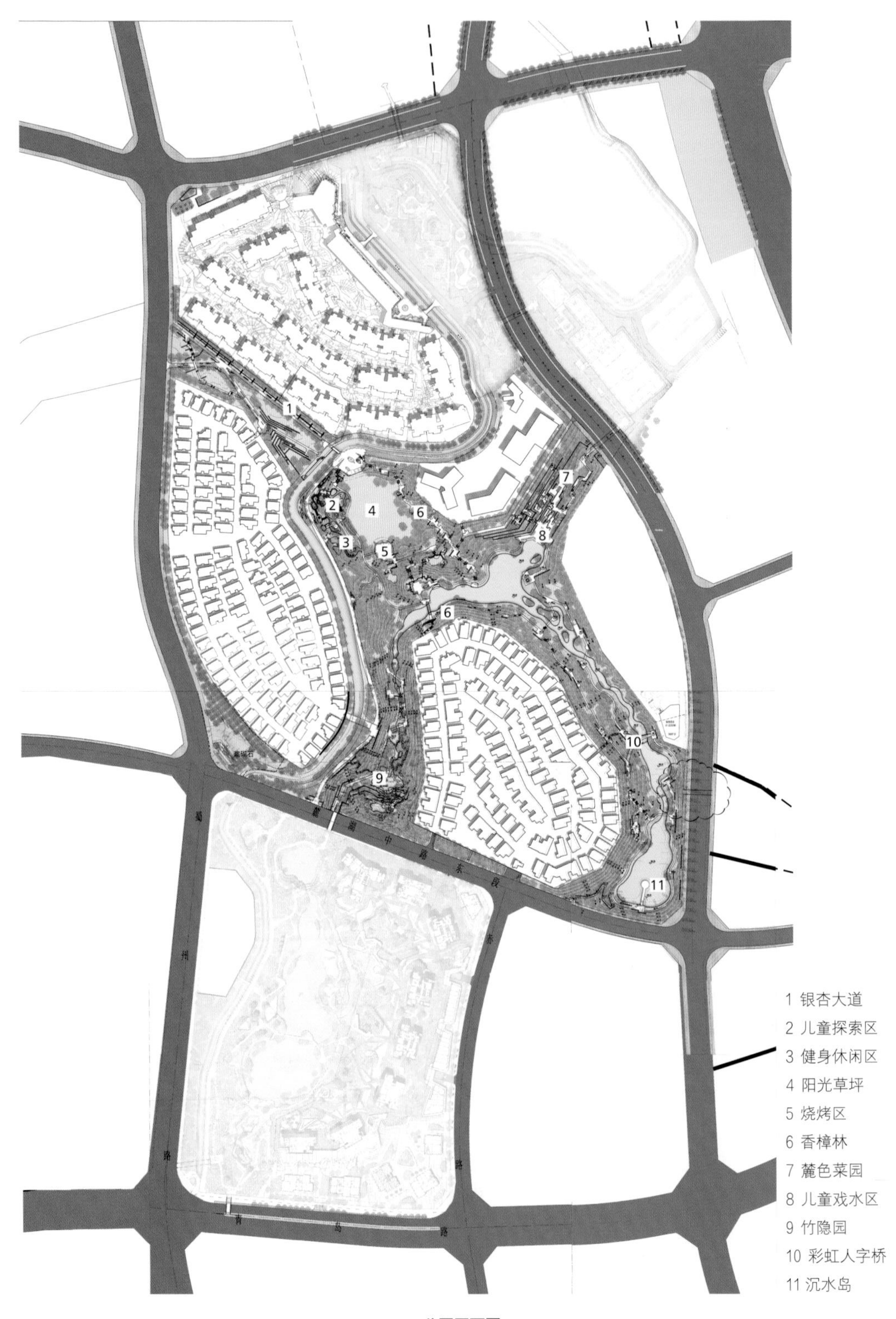
1 银杏大道
2 儿童探索区
3 健身休闲区
4 阳光草坪
5 烧烤区
6 香樟林
7 麓色菜园
8 儿童戏水区
9 竹隐园
10 彩虹人字桥
11 沉水岛

∧ 公园平面图

< 公园鸟瞰

### 2. 与自然对话，延续场地记忆

设计团队勘探现场时，周边建筑组团正在施工，在地下挖出很多大块的、形态饱满的红砂岩整石引起了设计团队的注意。红砂岩是距今约两亿五千万年前形成的红色地层，这些红石虽然不适合作建材而被别人忽视，但确具有非常重要的地质特征。易兰团队将其作为最重要的设计元素，以户外家具、景观小品、铺地、喷泉、挡墙等不同的方式呈现，营造出多样化的功能与空间，向市民展示远古的历史厚重感和场地的记忆。红石公园因此而得名。

< 形态饱满的大块红砂岩

< 流水墙实景

< 流水墙效果图和实景

< 花园小径实景

< 香樟林效果图

< 香樟林实景

### 3. 系统化的雨洪管理生态设计

雨水的收集和利用也正在逐步成为城市设计中的重要一环。设计团队通过“与自然对话”的手法，做到以地为形、以水为源、以人为本，将社区公园的功能性要素同场地历史、地理、民俗相融合。本次设计将景观与雨洪管理体系相结合，充分利用原有地形，有针对性地将周边几个社区的雨水系统和公园的雨水系统统一规划。南干渠标高低于公园绿地与周边社区用地。根据排水管线的特点，将南干渠南侧 3 个居住用地和公园绿地的雨水收集起来，通过管线汇入净水池，经过净化后补充进景观水系。在满足园区中景观水使用的基础上，用净化过的雨水对公园进行灌溉，水量充沛时还可以对周边 5 个社区进行灌溉，提高了淡水资源的使用效率。

在该项目中，坡度复杂的山地地形给景观营造带来较大的挑战。设计师将成都平原特有的地景风貌予以保留利用，原始的植物群落在不影响建设及使用的情况下也尽量保留，局部结合地形肌理形成变化丰富的梯田式景观。设计师在每级台阶内设置种植区域，草阶的设置能有效舒缓降雨带来的排水压力，台地式的设计使得阶梯和开阔的组团空间相互融合形成一个整体。这种具有大尺寸铺装和不规则种植池的设计，在各个节点处连接形成一个开放空间。

< 彩色滑梯效果图

< 彩色滑梯实景

< 彩色滑梯

∧　儿童游乐区效果图

∧　儿童游乐区实景

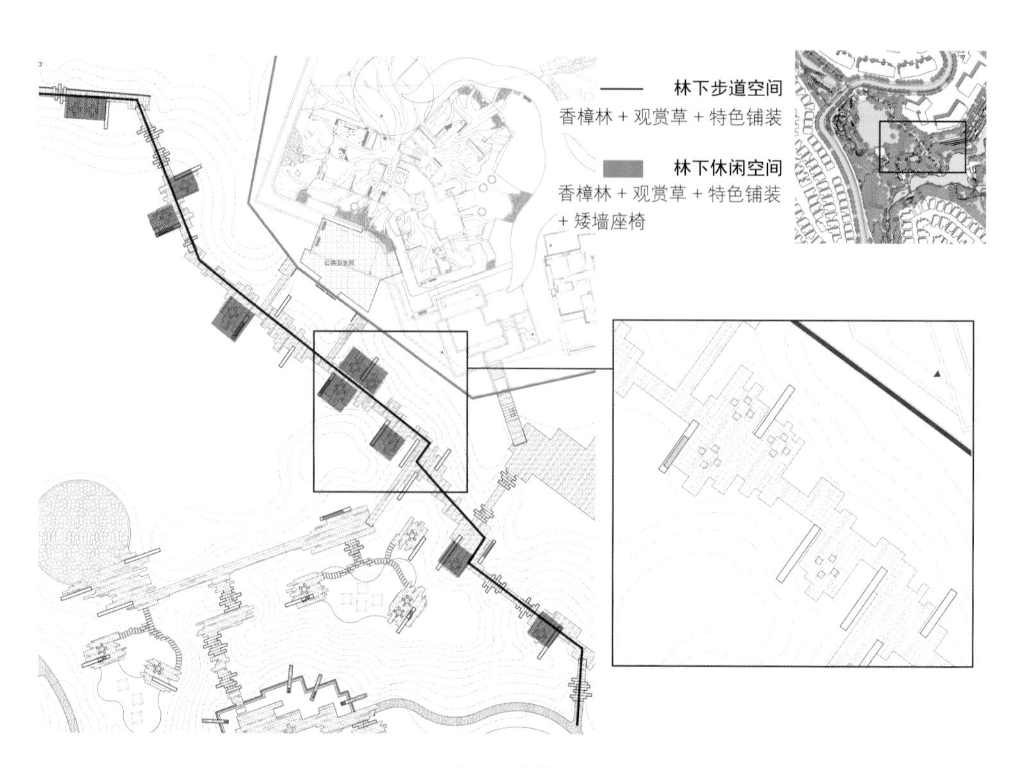


∧ 香樟林局部放大平面图

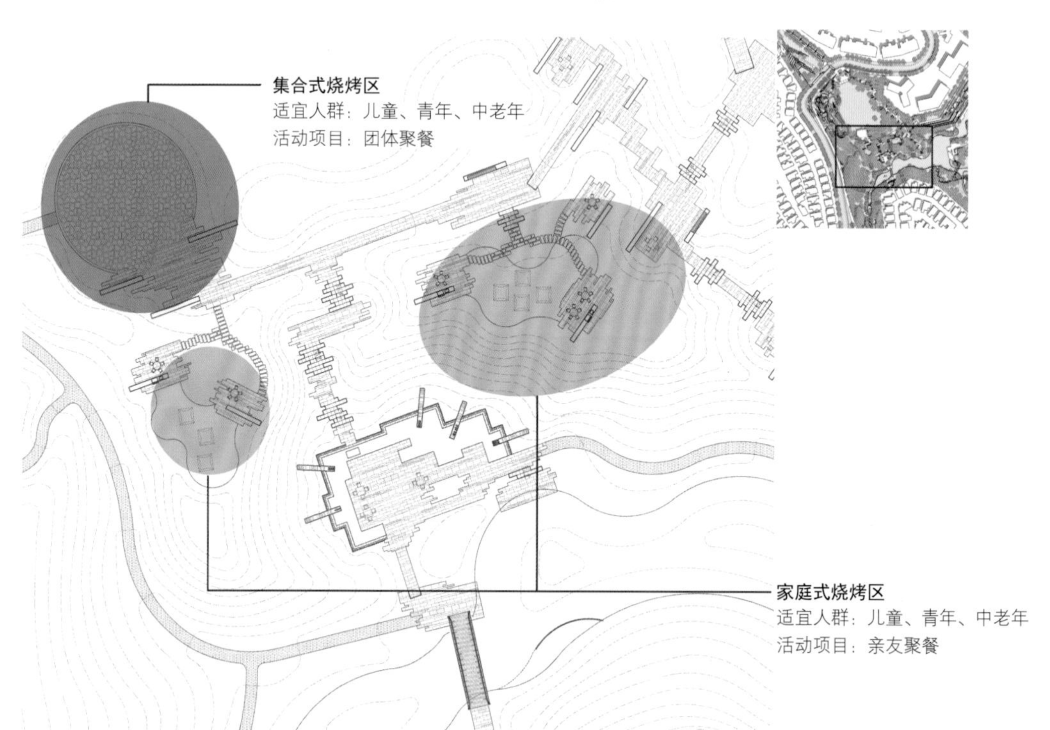


∧ 烧烤区局部放大平面

< 儿童游乐空间鸟瞰

< 公园内用于休息和聊天的休闲空间

< 儿童游乐空间

### 4. 融合互生的理念与手法

设计师采用了“融合互生”的设计理念与手法将丰富的要素融成整体。园区内的场地和道路都不是规则和对称式的，没有任何一条所谓的“轴线”。场地也没有明确的边界，掩藏在植物后的水景、地形和建筑物都为公园带来了美的意境。虽然铺装采用机器切割规整的石材，却不失自然与随意。为了营造这样的景观，设计师非常关注细节上的处理，每一个节点的比例、形态、材质等要素都需要反复推敲，从中寻求最佳效果。

∧ 雨水花园中的彩虹人字桥

∧ 彩虹人字桥立面图

∧ 彩虹人字桥夜景

< 彩虹人字桥鸟瞰

< 承担排洪功能的沉水岛

∧ 戏水乐园效果图

∧ 戏水乐园实景图

**5. 融入禅宗隐逸情怀**

易兰设计团队在设计中融入了中国古代文人的禅宗隐逸情怀，将公园静区的园林巧妙地藏在竹海中，满足当下人们对生活的一种返璞归真的追求，打造了“回归山林”的居住环境，创造了东方人精神上始终追求的理想居所。设计师在尊重原始地形和场地记忆的基础上将场地规划与生态景观相结合，希望这里成为一个能够创造和承载无尽个人感受的地方。正如中国传统园林的精髓，身在其外不能看到全局，只有身在其中亲身体验，才会发现独有的惊喜和感动。

< 竹隐园叠水

< 竹隐园茶亭

## 项目建成后的评价与意义

公园建成后得到社会各界的关注和认可，荣获英国景观协会（BALI）国家景观奖、国际风景园林师联合会（IFLA）国际奖、“中国风景园林学会科学技术奖”规划设计奖、中国勘察设计协会“计成奖”、中国建筑学会建筑设计奖园林景观奖等多项国内外大奖。麓湖红石公园不仅使周边居民享受到优质的社区生活，也吸引了大量远距离的市民前来游玩，极大增加了社区人气和知名度，成为当地人们心中的地标性景观。为此，成都市民政局将当地的地铁站命名为“红石公园站”。

麓湖红石公园设计中被广泛使用的材料——竹子、红石，都是大量存在于自然中的，使用这类材料在经济和生态方面都有很重大的意义，对人居环境的可持续发展有着重要的作用。这背后的意义，不仅仅是对景观的追求，也展示了新时代人们对待环境应有的态度。

麓湖红石公园为居民营造了颇有仪式感的生活体验，拉近了居民与自然的关系，让步景观于人，使之回归心灵。景观设计考虑了整体性，同时关注递进的布局，巧妙地向自然借景，用视线的虚实将建筑与自然的风景结合，在设计中灵活发挥，迂回曲折，趣意盎然。

麓湖红石公园作为一个以开发商为建设与管理主体的公园，已成为我国优秀社区公园案例之一。项目的初步成功为麓湖生态城吸引了更多客户和社会关注，促使更多开发商和政府开始思考建设类似的社区公园。

∧ 公园使用率极高，在增加生物多样性的同时加速了公园城市建设

# 成都麓湖皮划艇航道景观

**项目地点：** 四川省成都市天府新区
**项目面积：** 13850m²
**设计公司：** WTD 纬图设计
**设计团队：** 李卉、李彦萨、田乐、陈奥男、侯茂江、李丹丹、周芯宇、隆波、赖小玲、董瑜、胡小梅
**业主方团队代表：** 徐朝明、王姝丽、刘兴洪、谢锋
**景观施工：** 四川蜀韵景观工程有限公司，硕泉园林股份有限公司
**摄影：** xf-photography

## ■ 项目概况

自 2007 年启动规划与建设至今，麓湖生态城已经生长了 15 年。如今的麓湖已经是公园城市建设的一张新名片。这座建立在水上的公园城市，是内陆成都的水上理想之地。8300 余亩（1 亩 ≈ 666.67m²）的占地面积，水域面积就达到 2100 亩。麓湖通过对水系的连通与梳理，创造了理想的水网系统，让水与城市形成了相互咬合、亲密无间的状态。

在路网与水系绿地之间，承担着不同城市功能的建筑自然而然地生长出来。而建立起与水和建筑相关联的河道景观，则至关重要。

< 一处蜿蜒柔软的自然河岸空间

## ■ 航道改造

本项目所在场地原为湖区机动船支线航道，原航道为混凝土 U 型槽结构。驳岸设计更多考虑结构安全因素，边界较生硬。两岸植物多为临时绿化，且未考虑设置人行通道。航道一侧居住区高达 6m 的挡墙形成的边界对航道形成空间挤压。

麓湖决定在该段现有条件基础上增设皮划艇航道，且在该段增设步道并纳入麓湖环湖观景步道体系。因此，场地改造需要同时解决支线机动船航道宽度与交通分流、皮划艇航道设计、步道流线与电瓶车通行条件等多项需求。

∧ 改造前的航道

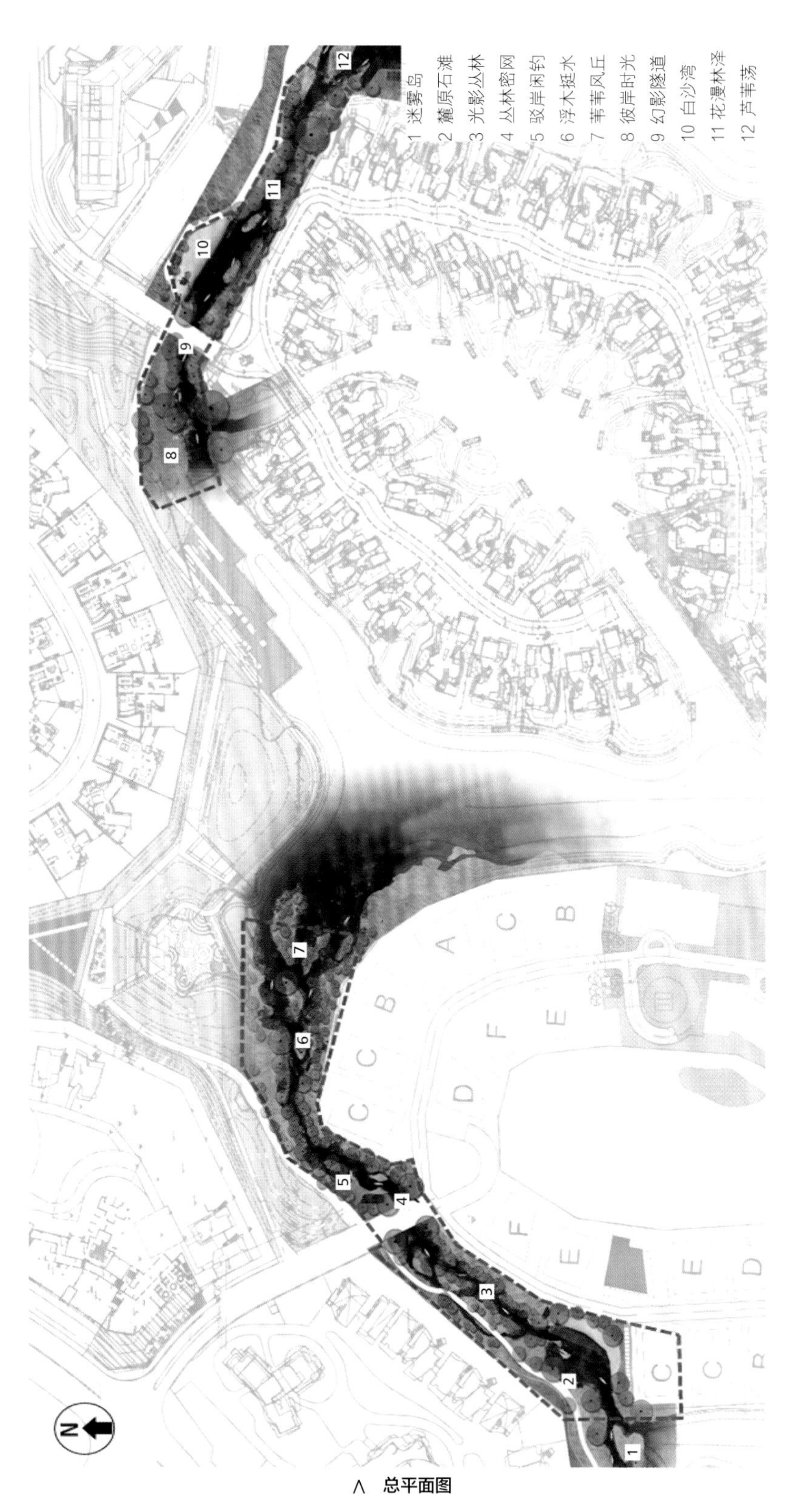


∧ 总平面图

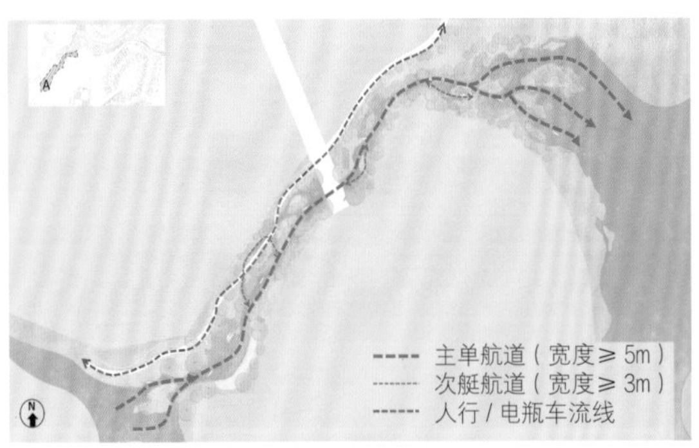

∧ 航道分析 1

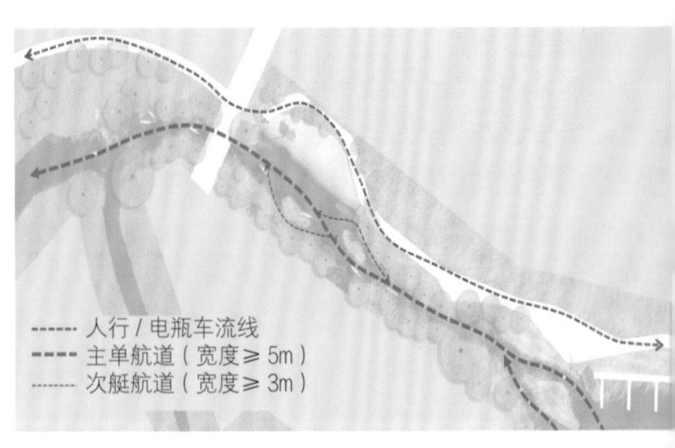

∧ 航道分析 2

## 详细改造策略

综合以上条件，设计从解除视线压迫、软化河道、交通动线重构及空间艺术氛围营造等方面进行河道生态改造，打造一处蜿蜒柔软的自然河岸空间，形成犹如置身亚马孙丛林般的河道体验。

### 1. 视线屏蔽与步行体验

屏蔽高建筑挡墙带来的视线干扰和压迫感，最好的办法便是取自然之材，还原场地生态基底。设计利用多种类植物作为天然屏障，将周围的建筑与障碍进行一定的规避。优先选择枝形完美及耐水性好的乔木，搭配不同层次的灌木，呈现不同的空间形态。

临近水岸的乔木选择了蓝花楹，弯曲的树冠及枝叶交叉覆盖于河道之上，在流域上形成开合的空间形式。河岸两侧空间因为不同的有色树种，在四季可呈现不同的色彩变化，营造多彩的植物空间。

∧ 河岸鸟瞰

∧ 蓝花楹弯曲的树冠及枝叶交叉覆盖于河道之上

∧ 可爱而新奇的氛围灯

∧ 樱花瓣散落在河面

## 2. 河道软化梳理

两段河道均是不规则弯曲形态，河流宽度与跨度各不相同。原有的驳岸多为 U 型直壁驳岸，边界生硬，没有与河岸及周边环境建立起自然的连接。

设计根据不同的河流宽度进行不同的驳岸处理。在较宽的水面上，用叠石将河面围合成迷你生态岛屿。岛屿上种植浓密的乔灌木林，对隔岸的低矮别墅住区有一定的隐私保护作用。同时，水面被切分之后，皮划艇划过时被夹道绿树包围更具生态感，也避免了河面景观的单一。

∧ 犹如置身亚马孙丛林般的河道体验

∧ 河岸空间已经完全融入整个麓湖水系的滨河段

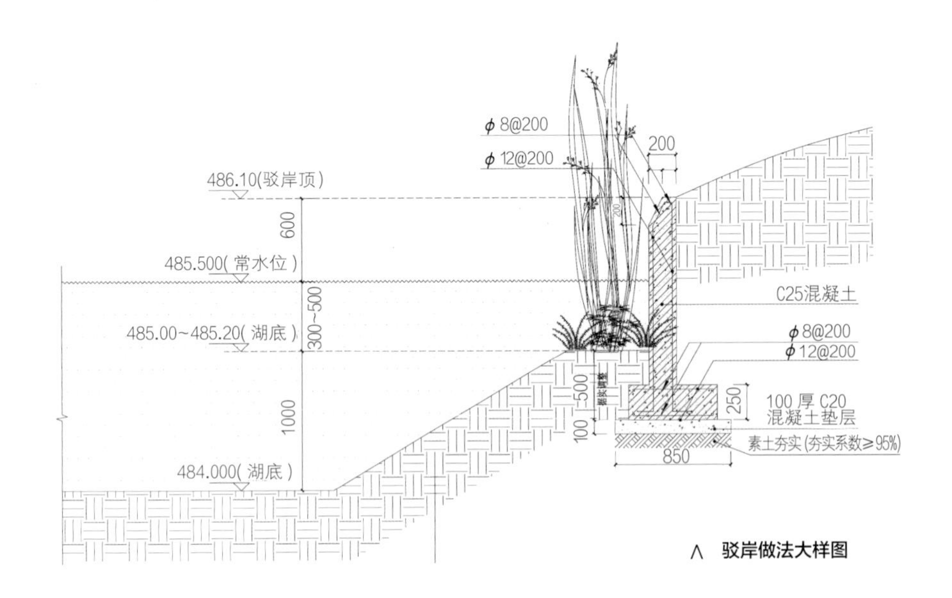


∧ 驳岸做法大样图

对驳岸的另一种处理方法是以草坡入水来替代混凝土的生硬。植物在河道边界构建成一条蜿蜒优美的边岸曲线，生成自然驳岸。植物群落具有涵蓄水分、净化空气的作用，可在植物覆盖区形成小气候，改善水体周边的生态环境。

生态的驳岸使河道与周边建筑及人行步道有了更自然的衔接，无缝融合至麓湖水系。无论是从建筑向外看还是步行于此，都能获得更好的视觉体验和行走感知。

< 人们划着皮划艇驶过河面

∧ 植物在河道边界构建成一条蜿蜒优美的边岸曲线，形成自然式驳岸

### 3. 空间艺术氛围设计

除生态以外，“艺术”也是麓湖的标签之一。艺术的气质伴随着麓湖的每一处细节，即使是一处小小的河道也不例外。因此，景观对于整个河道的空间改造不仅停留于生态，还需营造恰到好处的艺术效果。在连接两组不同住宅的人行桥体上，设计师对于栏杆的处理就别出心裁。

< 粉色樱花夹道的桥体

< 桥体

栏杆由数根 4cm 宽的钢片竖向排列而成，利用参数化设计对每一根钢片在不同高度进行 90° 扭转，从而达到渐变的效果。两侧的粉色樱花夹道，建筑在花瓣的遮蔽中若隐若现，桥体在树影与光线的映衬下光彩熠熠。

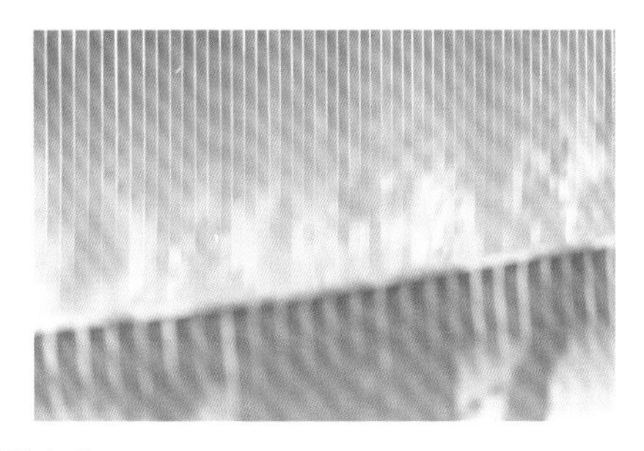

∧ 桥体栏杆细节

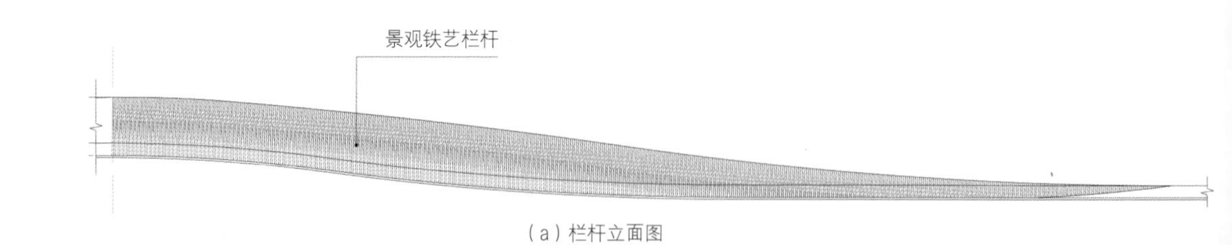


（a）栏杆立面图

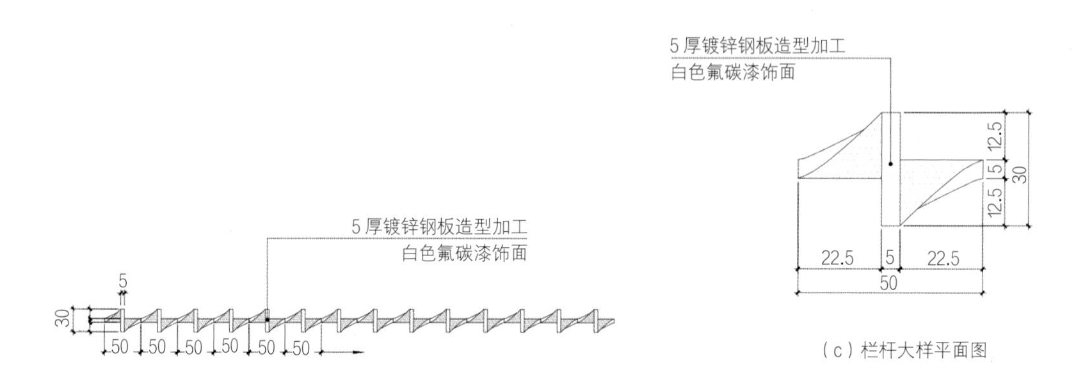


（c）栏杆大样平面图

（b）栏杆平面布置图

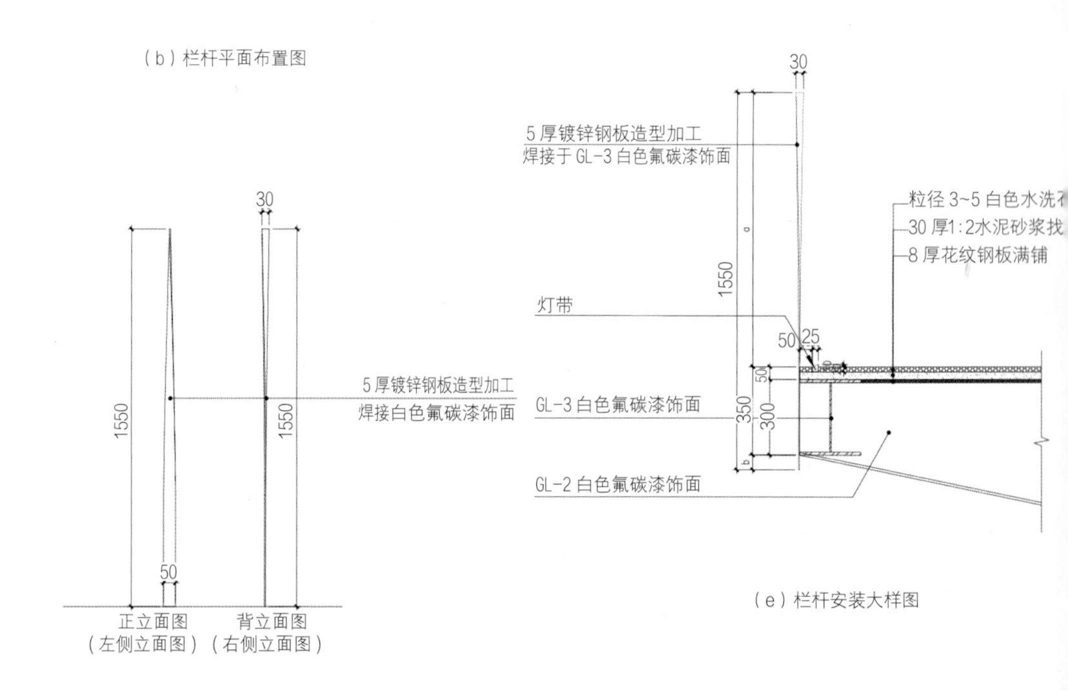


（e）栏杆安装大样图

（d）栏杆立面大样图

∧ **栏杆详图**

此外，设计以水为题，在河道旁的大树分枝处放置艺术雕塑。雕塑采用镜面不锈钢材料，以不规则的水滴为形态，置身于丛林中，具有强烈的视觉冲击，不断激发人们强烈的参与感与探索的欲望。各种可爱而新奇的氛围水灯，也为“水中冒险旅程”增添了许多空间趣味。

< 在河道旁大树的分枝处放置艺术雕塑

## 项目建成后的意义及评价

在航道景观改造完成已经过去大半年的这个春天，这段河岸空间已经完全融入整个麓湖水系。草长莺飞，花开叶茂，茂密的树荫渐渐包裹着整个河道，正是设计之初所向往的惬意与自由。

∧ 桥体

∧ 可爱而新奇的氛围灯

∧ 生态驳岸使河道与周边建筑及人行步道有了更自然的衔接

∧ 步行其中可以获得更好的视觉体验和行走感知

# 登封少林大道景观提升工程

**项目地点：**河南省 登封市
**项目面积：**约 73.6hm$^2$
**设计公司：**北京北林地景园林规划设计院有限责任公司
**主创设计师：**张亦箭、应欣
**设计团队：**郁天天、陈又畅、宋佳、孟润达、杜金学、蔡朝霞、黄小泉、张园园、蒋鹏、谭小玲
**摄影：**张亦箭、陈又畅、宋佳

## 项目概述

登封位于嵩箕两山之间，因武则天登嵩山封中岳而得名，是儒释道三教合一之所，号称“天地之中”，文化源远流长。作为登封市的“长安街”，少林大道东起颍河路，西至环山旅游公路，全长约 11.7km，连接东部新区、中心城区及西部景区，为登封市核心发展主轴，是体现城市魅力的重要界面，对于展示中华历史文化、实践生态文明建设有着重大意义。

改造前的少林大道因建设时缺少合理规划且年久失修，而存在大量的城市问题：雨污合流、人车混行、私搭乱建、违章侵占、绿化缺失、公共空间匮乏等，道路及城市面貌与登封这座有着众多历史文化古迹的名城极不匹配。

本项目由设计全面主导，负责全方位、全周期的项目管理，通过设计施工一体化的方式，调集设计、施工及后期运营管理等专业力量和优质资源对这种普遍存在于全国的城市发展现状和困局进行了深入细致的调查研究，开创性地提出“城市无边界全要素改造提升”设计理念，并付诸实践。

∧ 少林大道鸟瞰

## ■ 设计理念与特色

让中国内陆县市空间与全球视野接轨，打破道路改造提升的传统逻辑思维，提出“城市无边界全要素改造提升”设计理念。立足登封市独特的民族文化与旅游资源，以人民诉求为主导，以文化传播为媒介，以城市全视角审视项目，政府机关带头示范，拆墙透绿，使执政者与民众无围墙隔阂，呈现中心城区开放包容的高级形态。规划设计将各个零散地块联动梳理，形成连续的公共空间，同时借助科技手段开放管理边界，优化管理理念，实现城市公共空间的开放与共享。一条路改变一座城，城市公园与公园城市理念在此完美诠释。

本项目以大尺度的绿色空间规划梳理城市整体形态，共拆除围墙 56 处、小建筑及违章建筑 260 处，新增绿化面积约 16hm$^2$，新建公园 21 处，新增停车场 36 处，取消机动车出入口 40 处。同时，该项目实践了以风景园林规划设计为牵头单位带领多专业统筹规划，一次性将道路红线、城市街区、封闭院墙、公园绿地、建筑边界、市政管线、行为需求等一系列问题进行了综合治理。

### 1. 拆墙透绿，还绿于城

以便民利民为核心，拆除腾退空间中不适宜的建筑物，打开现有围墙，连通道路两侧慢行系统，扩大绿化面积。在充分保留、利用现状大树的基础上，通过改造提升现有绿化，重新梳理、合理规划城市绿色空间。

### 2. 梳理交通、场站合并

梳理少林大道内外道路交通流线，合并或调整沿线各机关单位的机动车出入口。深入挖掘沿线两侧建筑群内部的停车空间，将其改造开发为共享口袋停车场。根据现状人流分布情况合理布置停放点，结合完善的标识系统，方便市民日常使用。

### 3. 因地制宜，风貌延续

改造建筑立面与构筑物，以充分利用现状为前提，在保留历史风貌的基础上，发掘场地内公共空间的可能性，为市民提供更多的公共活动空间。在现有绿化基础上，梳理合并绿地空间，优化种植结构，营造复层围合、尺度宜人的景观界面。同时补充配套设施，增设照明设施，使周边居民切实感受到城市更新带来的实惠。

### 4. 政府带头，以民为本

该项目的实施重新定义了“拆墙透绿，还绿于民”。政府机关示范带动，大院拆除围墙，消除隔阂，将原有各单位绿地归还给市民。设计师在市委市政府的大力支持下，顺利将各个零散地块联动梳理，由点串线、由线连面，形成点线面联动效益，通过科学有序更新形成连续的公共空间。同时，在项目建设过程中，充分关注弱势群体，做到无障碍通道全路段覆盖，为登封市民营造美好的城市新生活。

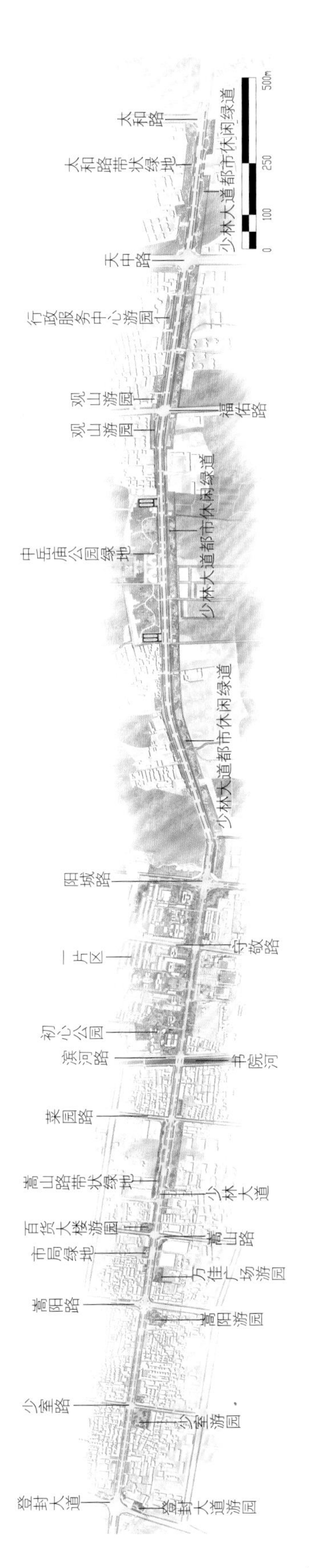


∧ 少林大道总平面图

## ■ 详细设计与措施

少林大道作为登封市的“长安街”，其中阳城路至滨河路段为全域核心片区（以下简称“一片区”）。各个政府机关单位分布于道路两侧。自东向西依次为交警大队、人民检察院、纪检委、人民法院、市政府、市场监督局以及嵩基集团等。

∧ “一片区”平面图

∧ “一片区”改造前

由于“一片区”建设年代较远、缺乏规划和政府单位设计的时代局限性，在各政府单位办公楼前虽然有大量绿地，但多为政府单位单独享用，且这些绿地与少林大道间、政府单位与单位间，被各种建筑、围墙阻隔，严重影响绿地的完整性和连续型，导致沿线绿地成为内向型封闭空间。在提升改造的过程中，经过多轮细致入微的现场调研，设计团队与政府各部门紧密配合，拆除包括市政府、法院、纪委、检察院、交警大队等在内的门房和围墙以及沿路的各种违建，为少林大道创造了外向、连续、舒展的绿色沿街界面。

∧ “一片区”改造后效果图 1

∧ “一片区”改造后效果图 2

同时，对于“一片区”的内部封闭空间，设计团队通过拆除非必要墙体和违建，打通并融合了多处大小不一的独立内部空间，包括面积 1.4hm$^2$ 的初心公园，以及政府单位后院 1.5hm$^2$ 的儿童乐园、古建庭院、智慧健身园等。这些内聚型参与性体验空间与沿街的外向型通过性展示界面相结合，形成了紧密联系和城市功能互补。

∧ “一片区”改造前建筑、空间关系

∧ “一片区”改造后建筑、空间关系

< 市政府前院改造前后对比 1

< 市政府前院改造前后对比 2

< 市政府前院改造前后对比 3

< 市政府前院改造前后对比 4

< 法院前院改造前后对比

< 少林国际酒店改造前后对比

∧ 由市政府门房改造的廊架

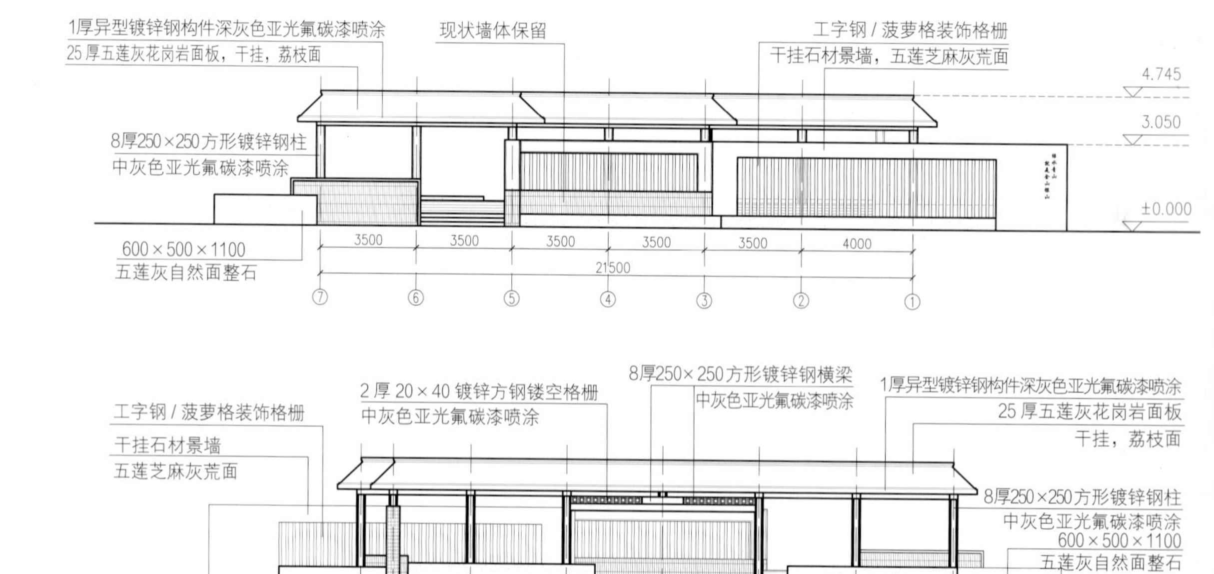


∧ 市政府门房改造廊架立面图

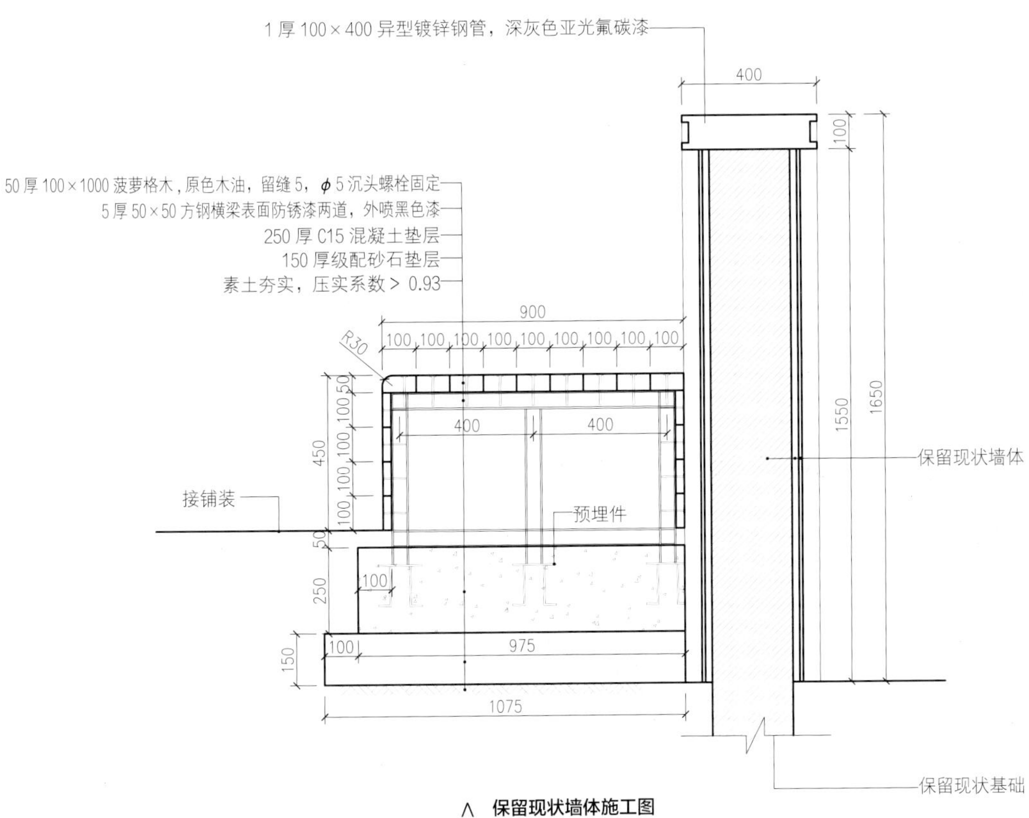


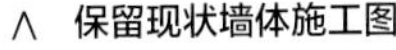

∧ 保留现状墙体施工图

∧ 市政府门房改造的休息场地

在墙体、隔阂的拆除过程中，设计师充分尊重和利用现有地形，同时保留、保护现有大树，留留下了难得的场地记忆。

∧　围绕现状法桐设置座椅与休闲活动空间

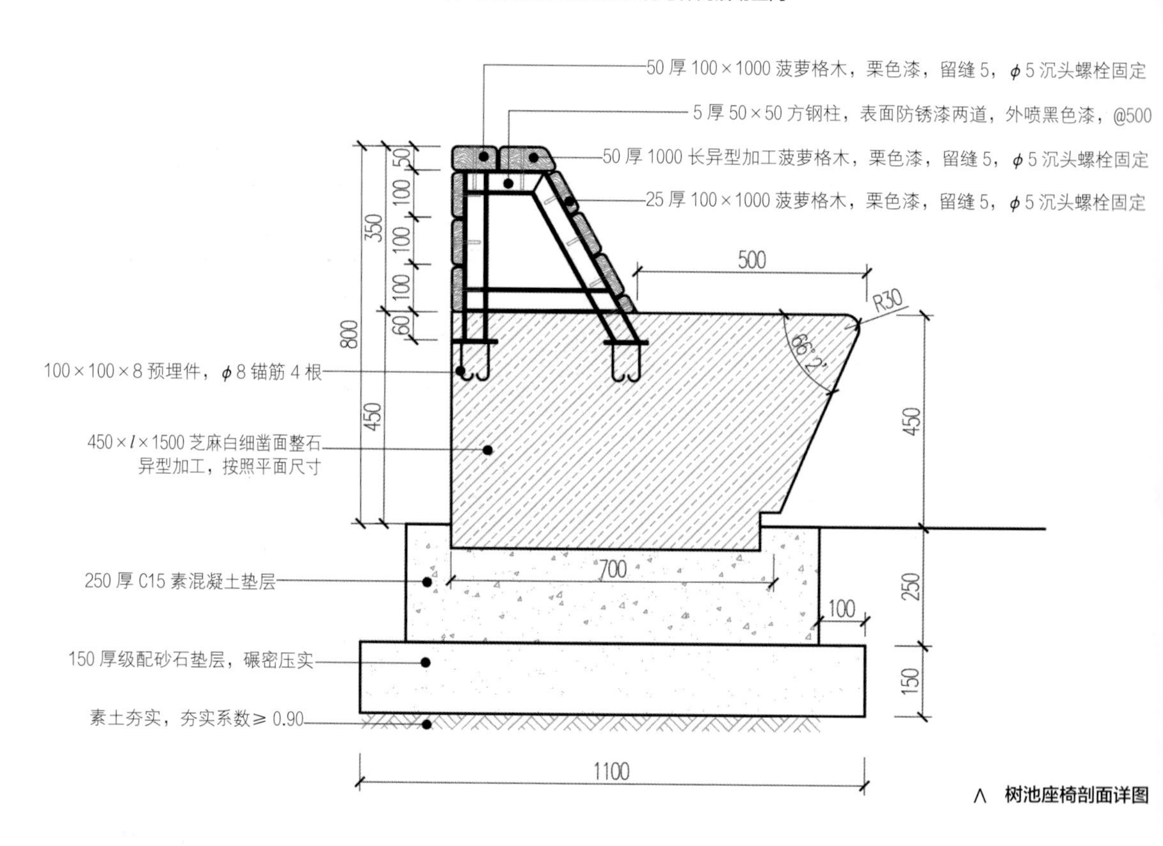


∧　树池座椅剖面详图

∧ “一片区”改造后效果

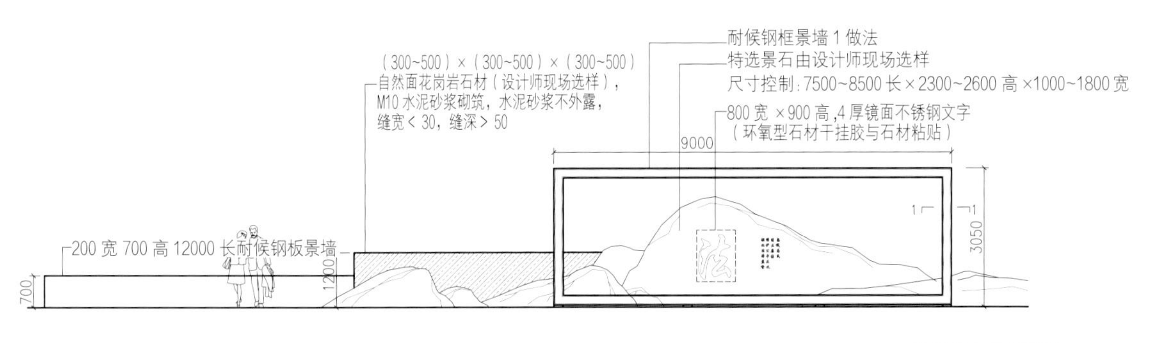


∧ 法院前小品立面图

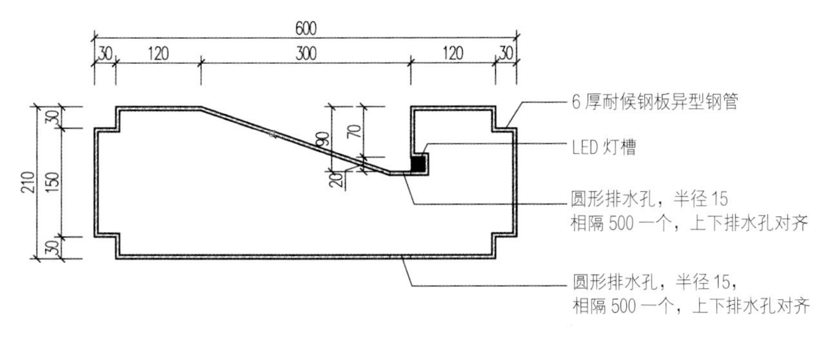


∧ 1-1 剖面图

一片区场地交通一直存在问题，改造前，一片区与车行主干道交接的车行出入口过多，仅少林大道一侧，不足1000m内就存在15个车行出入口。同时，一片区内部缺少南北、东西贯穿的主干道，内部交通较为零散破碎。在改造过程中，设计团队重点梳理内外部道路交通，合并对外机动车出入口，加强人行无障碍内外交通联系。改造后，少林大道临街车行出入口合并缩减为6处，同时增加了一条与少林大道并行的3m无障碍人行绿道，一片区内部打通了南北、东西向的通行道路。为了更好地解决登封非机动车停车问题，避免非机动车在路面乱停乱放造成的道路拥堵和市容不整，设计团队竭尽所能地在绿地内隐藏式设置多处非机动车停车场，以尽力满足周边市民的规范停车需求。

∧ “一片区”改造前道路交通情况

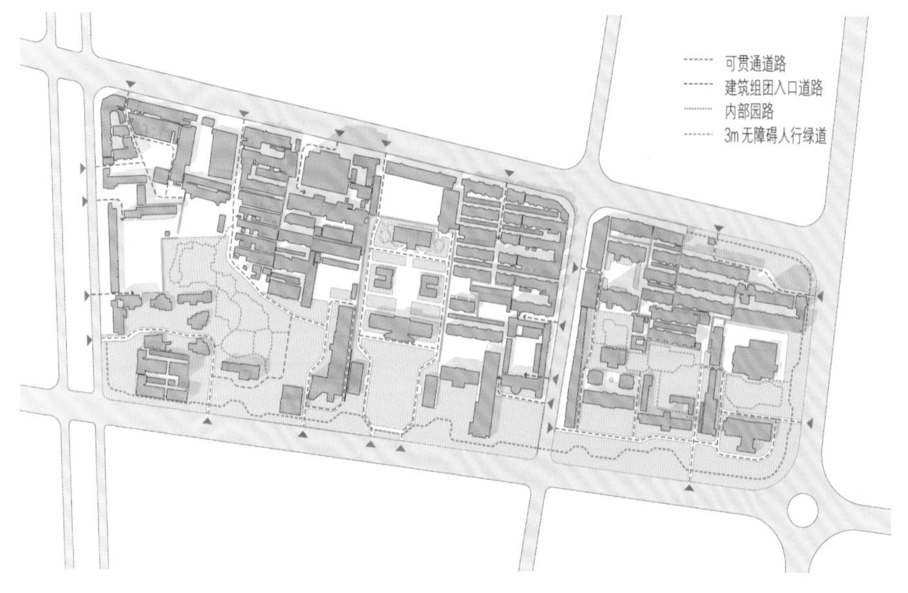


∧ “一片区”改造后道路交通情况

在拆墙透绿的同时，设计团队借助科技手段，开放管理边界及管理理念，进行城市治理探索，做到真正的“拆墙透绿，开放融合”。

∧ 市民在改造后的绿色公共空间内活动

### 1.“检察院 – 交警大队 – 酒店”后院

改造前，“检察院 – 交警大队 – 酒店”后院为相互独立的三个空间。主要功能分别为篮球场、驾校、无法进入的绿地空间和机动车停车区域。在改造过程中，拆除围墙、违建使得 3 个空间连通起来，而后根据周边建筑的功能和人们的使用需求，重新规划空间。

后院使用人群主要是周边的居民和前院的办公人员，主要需求为运动区、儿童活动区和较为安静的休憩活动区等空间。因此，设计团队根据周边建筑的不同特点，重新规划动静功能分区，将较为喧闹的运动区、儿童活动区放置在交警大队食堂后院；检察院后院由于涉密及安静环境的需求，因此设置安静的中国传统古典园林风格的庭院景观。酒店后院现状植被情况较好，改造中仅清除长势不好的树木，围绕原生大乔木设置活动场地；同时，考虑到其北侧为幼儿园，因此设置一条健身环跑步道，配合场地内的互动智慧园林设施，对幼儿园的室外活动、教学空间进行补充。原来的停车空间缺少合理规划，空间利用率较低，改造后利用场地的边角空地，在满足停车需求的同时，也为周边使用人群留出完整的活动空间。

∧ 检察院、交警大队改造前后对比

∧ 检察院后院改造前后对比

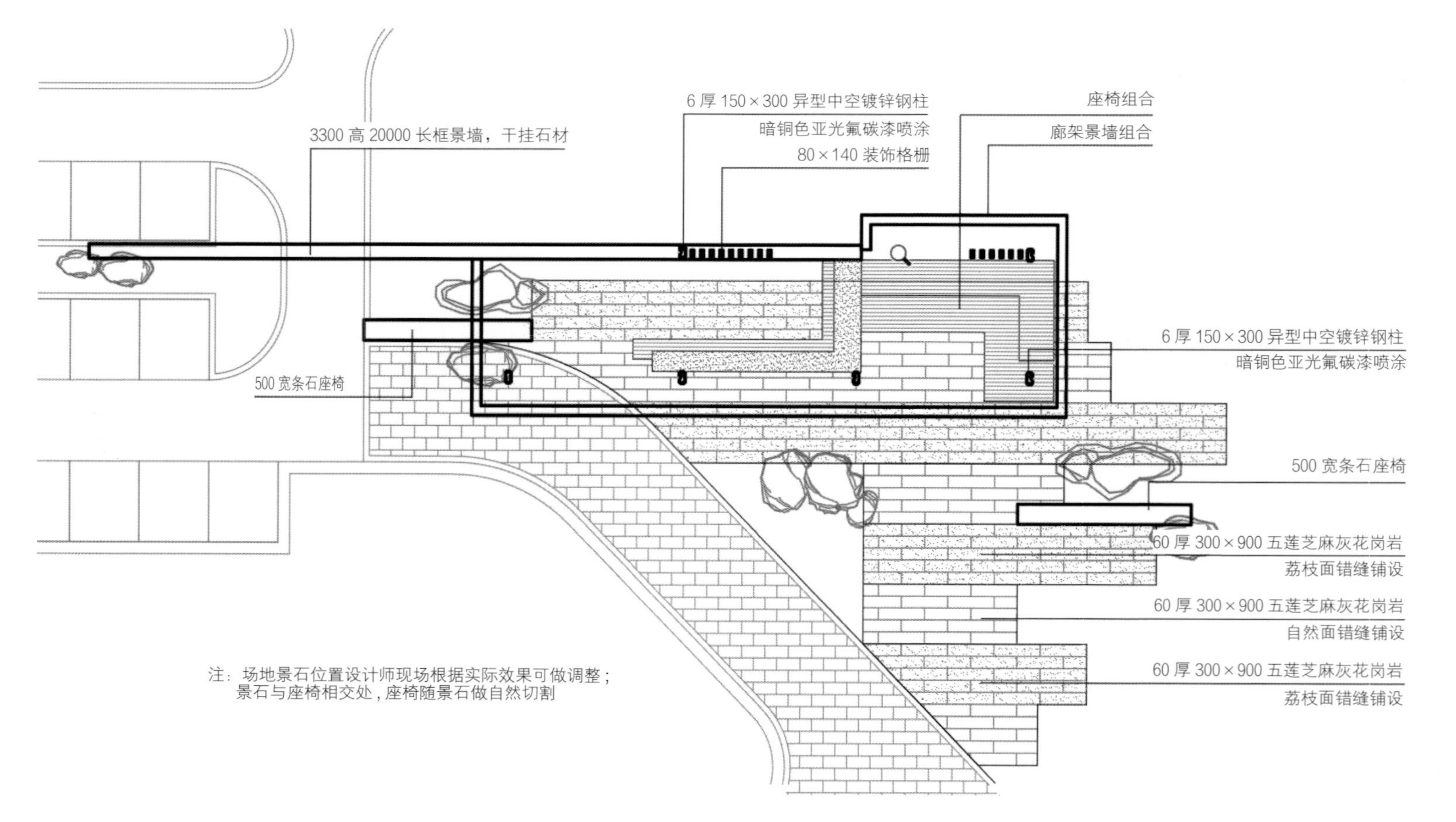

3300高20000长框景墙，干挂石材
6厚150×300异型中空镀锌钢柱
暗铜色亚光氟碳漆喷涂
80×140装饰格栅
座椅组合
廊架景墙组合
6厚150×300异型中空镀锌钢柱
暗铜色亚光氟碳漆喷涂
500宽条石座椅
500宽条石座椅
60厚300×900五莲芝麻灰花岗岩
荔枝面错缝铺设
60厚300×900五莲芝麻灰花岗岩
自然面错缝铺设
60厚300×900五莲芝麻灰花岗岩
荔枝面错缝铺设
注：场地景石位置设计师现场根据实际效果可做调整；
景石与座椅相交处，座椅随景石做自然切割


∧ 廊架景墙组合平面图

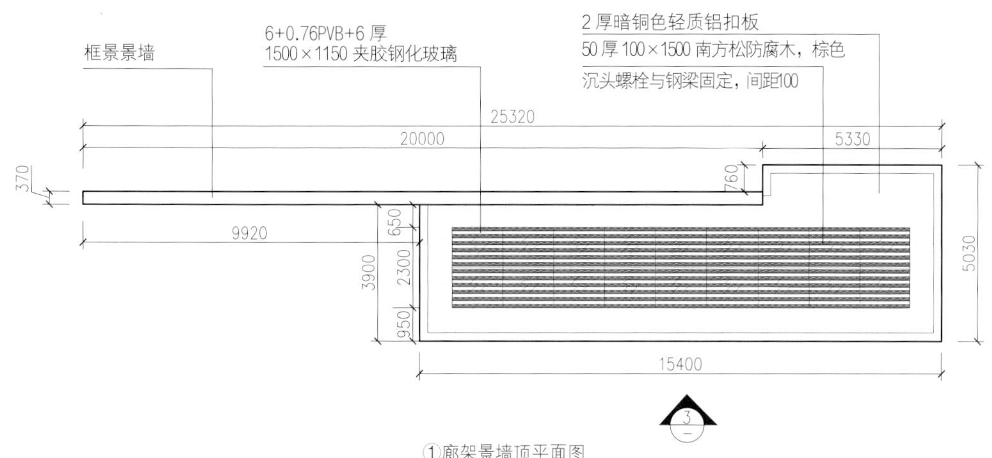


①廊架景墙顶平面图

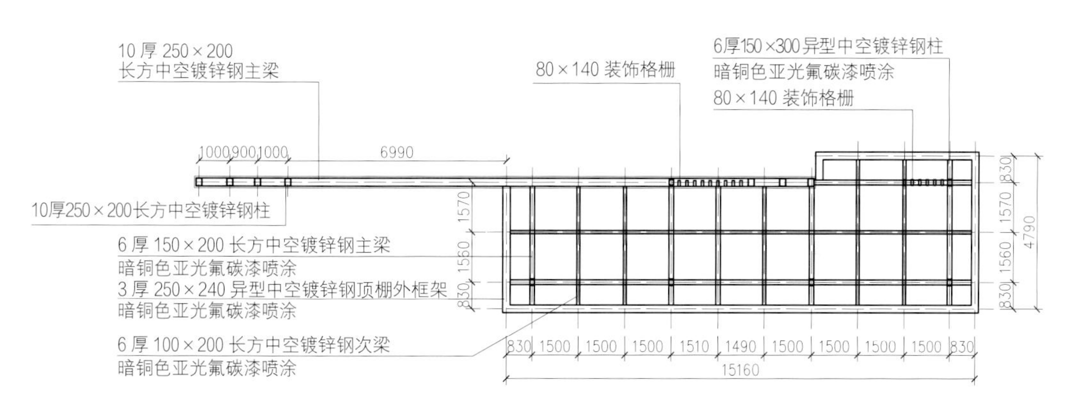


②廊架景墙框架结构平面图

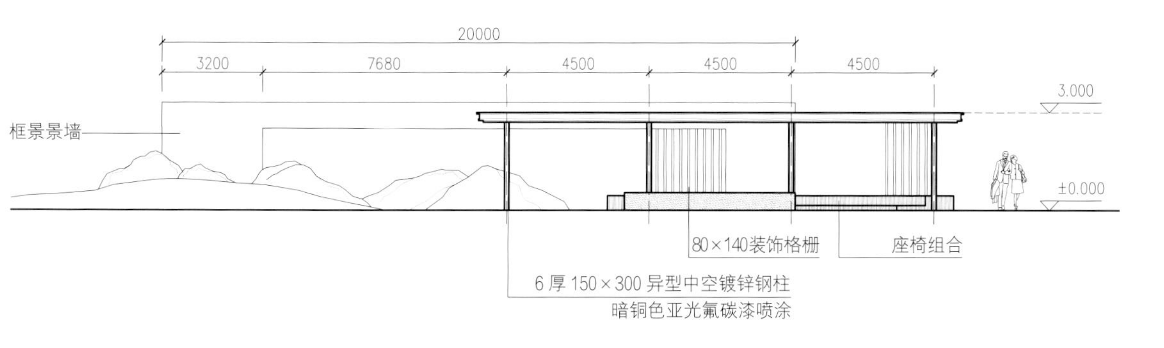


③廊架景墙框架结构立面图

∧ **廊架景墙组合详细设计图**

## 2. 初心公园

初心公园区域内的建筑和场地原属于嵩基集团，为了给市民提供更多的休闲空间，将该区域内部分建筑清除，土地置换，设计为党建主题公园，向全体市民开放，还绿于民。

（1）相地

《园冶》“相地”篇中提到“相地合宜，构园得体”。该项目中，设计团队深入了解场地特性，充分发掘“地宜”，对原有场地各要素在统筹分析的基础上加以利用、保护和改造。

改造前，这片绿地除了简单的绿化和停车功能外，在场地的西北角有一处拥有自然泉水的水池；同时，场地内还拥有许多生长多年的乔木，泉眼和原生树木共同构成了这片场地独特的记忆。设计团队利用这些场地特征，采取古典园林手法，沿现状地势构造山水结构，贯穿全园，打造中国传统古典园林山水景观。

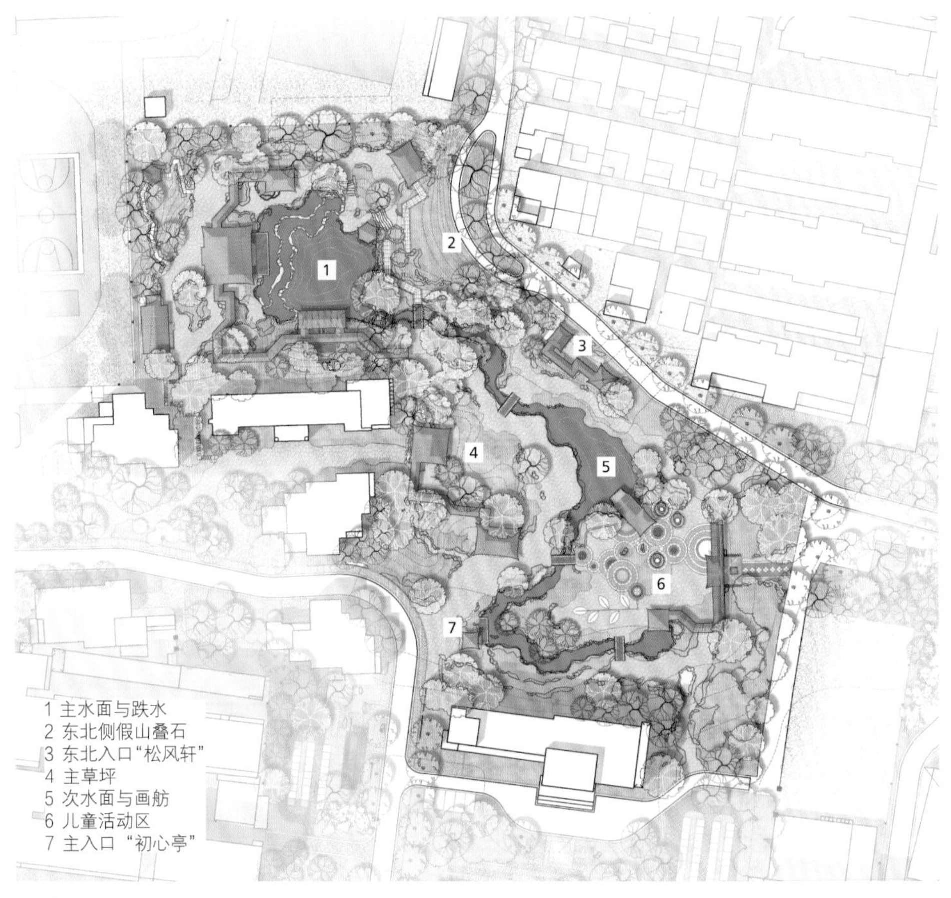


∧ 初心公园平面图

（2）立意

在中国传统园林设计思想“虽由人作，宛自天开”的指导下，公园设计追求一种协调自然环境与现实生活的美好意境，展现“师法自然，诗情画意”的自然和谐美与诗性精神。

（3）布局 • 理景

设计团队充分借鉴古典私家园林限于小空间而产生的“壶中天地”的空间意识，同时也融入现代人不同尺度的生活需求，既有个体静思空间，也有群体活动场所。

1）理水

“水欲远，尽出之则不远，掩映断其脉则远矣。”对于面积较小的水面，景观层次和岸线曲折设计对增加水面进深感、景观丰富度和趣味性尤为重要。设计团队利用现状泉水常水位与地面形成的 2m 高差，将现有水面改造成 3 层跌水平台。水系源头的建筑松风轩依水而建，作为公共茶室为市民提供休憩空间。亭台水榭顺地形而下，将游人的活动从远距离观赏水，引至近距离亲水，为市民提供不同的亲水体验。

整个水系以半岛、溪流、跌水相间，运用传统园林理水中“知白守黑”“蜿蜒曲折”“虚实相间”等手法，形成有主次、宽窄之分的不同水域空间，加强空间的层次和渗透。

∧ 改造后的主水面与跌水

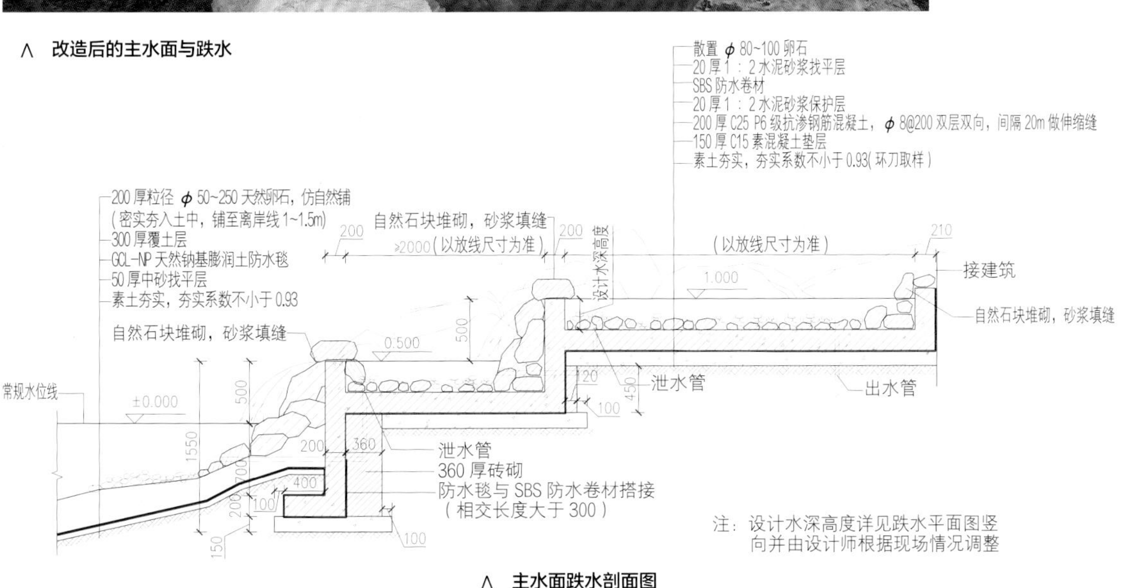


∧ 主水面跌水剖面图

2）筑山

沿水系往南，自然地形与周边道路存在较高落差。设计团队依势筑山，将其与周边干道进行连接，为公园提供景观屏障。而道路两侧林立而起的山石，也形成峡谷，使景色依地形有敞闭、曲直的变化，与苏州狮子林有异曲同工之妙。

∧ 东北侧依势筑山

水系东北以观景台“松风轩”“待春亭”建筑组加强公园东北侧界面的控制力，同时也与远处嵩山山体轮廓遥相呼应，增加嵩山和公园之间的层次。

水系东南侧为儿童活动区，布局画舫、廊架、水系山石、旋转座椅、翻转景墙等游戏设施，同时配合智慧城市各类设施，彼此相互碰撞，满足各个年龄层儿童的认知需求。

水系西侧为初心亭，围绕山石组合和造型油松种植组团，打造廉政与党建主题景观。初心公园主山位于场地西北侧，依山而建的亭台廊阁，可观全园山石水系和植物景观。

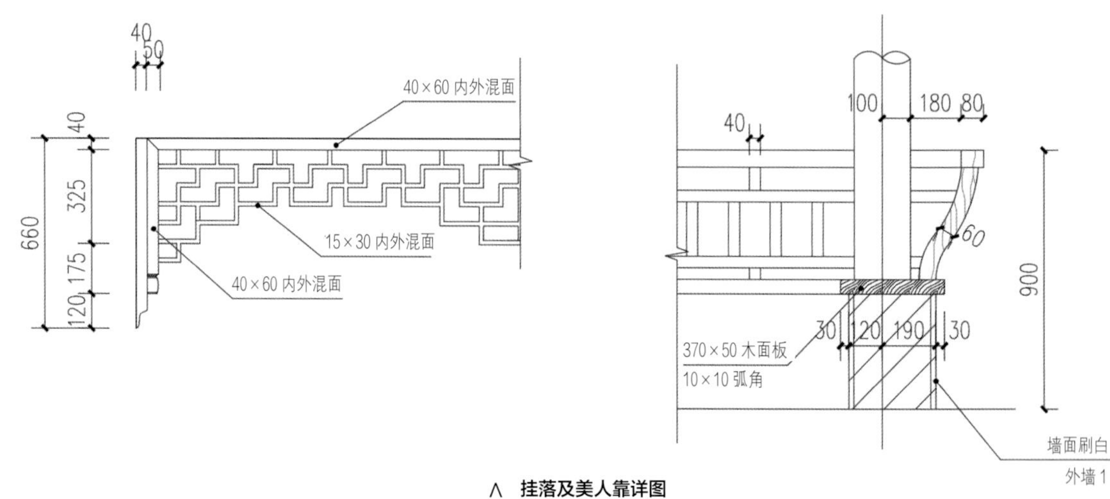


∧ 挂落及美人靠详图

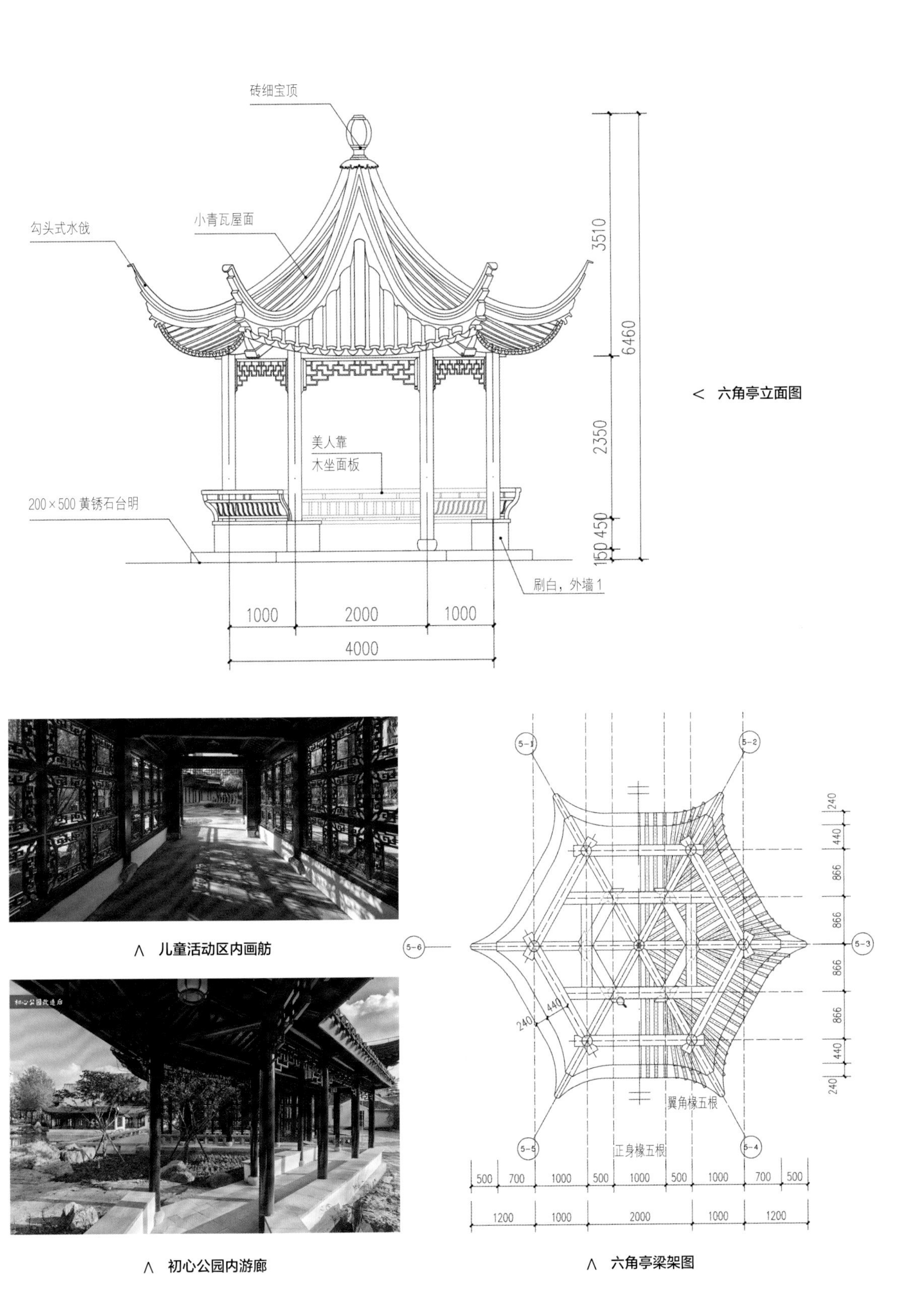


< 六角亭立面图

∧ 儿童活动区内画舫

∧ 初心公园内游廊

∧ 六角亭梁架图

∧ “一片区”改造后效果

3）材料 · 种植

中国传统园林有“园无石不雅”“园可无山，不可无石”等说法。本项目利用当地河石与湖石砌筑驳岸、跌水、假山，颜色质感与场地环境相协调，同时结合植物散置景石，展示石的自然质朴之美。

植物造景以乡土植物为主，创造植物主题景点，表达造园意境。如入口“初心亭”区域，种植“松、竹、梅”，廉以“松”为范，正以“竹”为杆，清以“梅”为傲，通过植物种植展现“廉正清”和“初心不改”的主题。水系周边种植垂柳、水杉，以乌桕、红枫作为水岸点景树，配合荷花、睡莲、黄菖蒲、再力花等水生植物，打造四季变化的水岸植物景观。另外，初心公园中有许多内部原生树木，从设计初期开始，设计师便对其小心避让保护，使原生大乔木与新植树木一起营造植物景观。

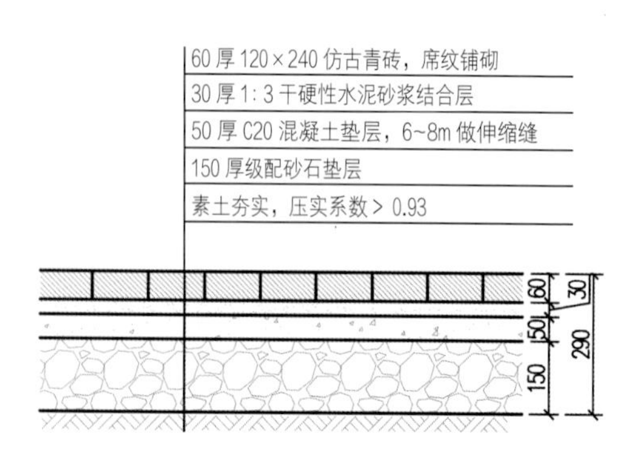


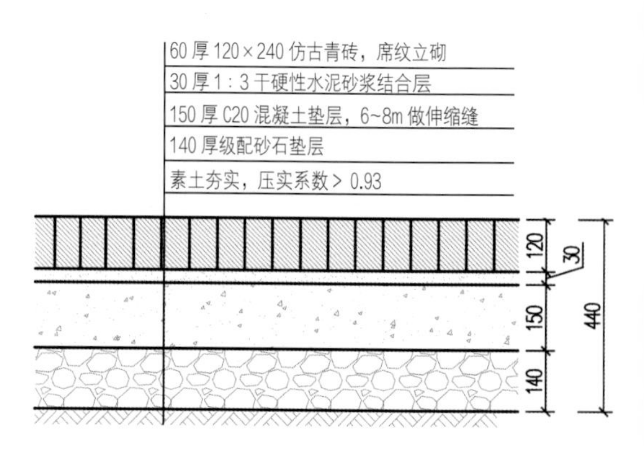


∧ 仿古青砖席纹铺和立砌做法

## 项目建成后的评价与意义

本项目以“拆墙透绿”为抓手，打造开放、共享、高品质的城市绿色公共空间。从看不见景色的实体围墙，到“看得见、进不去”的绿植围墙，再到如今可以直接从街道步入绿地空间，公园形态正在与城市空间有机融合。以当地市民切身需求为出发点，深入调查研究、合理规划设计，切实推进落实城市无边界、全要素、高品质改造提升。所涉及城区街道内外兼修，促进了附属绿地的开放共享和功能融合，变“在城市中建公园”为“在公园里建城市”。营造出生态空间相宜，人、城、园和谐统一，景观优美的开放型城市绿色生态空间。项目最终获得了当地市民的高度认可。

本项目充分体现社会主义核心价值观，是民族自信、国家自信的最佳诠释。在践行“拆墙透绿，还绿于民”宗旨的过程中，政府示范带动，拆除围墙，消除隔阂，将原有各大政府机关独立封闭的附属绿地串联融合，开放共享，以更为包容、自信的姿态展示于当地市民，乃至全国和世界各地的游客面前。在拉近政府与人民群众距离的同时，充分体现了国家力量自信、政府管理自信与民族文化自信。

∧ 依地势设置的建筑与爬山廊

∧ 改造前的自然泉眼和方形水池

# 宝安中心区四季公园

**项目地点：** 广东省深圳市宝安区
**项目面积：** $43000m^2$
**设计公司：** 香港译地事务所
**主创设计师：** 张谦，唐筱璐
**合作单位：** 深圳市宝安交通运输局，华润（深圳）有限公司，深圳市城市交通规划设计研究中心，UAP，深圳市市政设计研究院有限公司
**摄影：** 香港译地事务所

## ■ 项目概述

位于粤港澳大湾区核心地带的宝安中心区四季公园，是一个由景观基建驱动城市更新的公园项目，总占地面积约 $43000m^2$，原先被预留为高架路匝道。伴随着周边的交通完善和城市发展，它被重新定位为一个通往宝安中心区和前海片区的门户公园。

∧ 四季公园整体鸟瞰

设计采用了宝安之眼的概念，用一个“环”将被道路分割为四个街角绿地的地块在视觉上形成一个整体，运用波浪铺装、艺术雕塑、弧形看台等元素，将这个环变得丰富，为行人提供停留和望远的视线。在设计过程中，宝安遭遇了200年一遇的“山竹”台风，大量的乔木被吹倒。设计师对遗留下来的乔木进行了精心的测绘，围绕它们优化了景观的细节设计，如调整园路、避让乔木，结合乔木打造地形草坡和树池坐凳等。

∧ 设计过程

< 夜景效果图

## ■ 设计理念与特色

设计师依据场地属性，将公园分为四个片区：由露天草坪和宝安之声跳泉组成的文化一方、由四季之门和椭圆形音乐旱喷广场组成的创新一方、由林下环形漫步道和家庭亲子活动场组成的乐活一方，以及由艺术雕塑和休闲座椅组成的艺术一方。

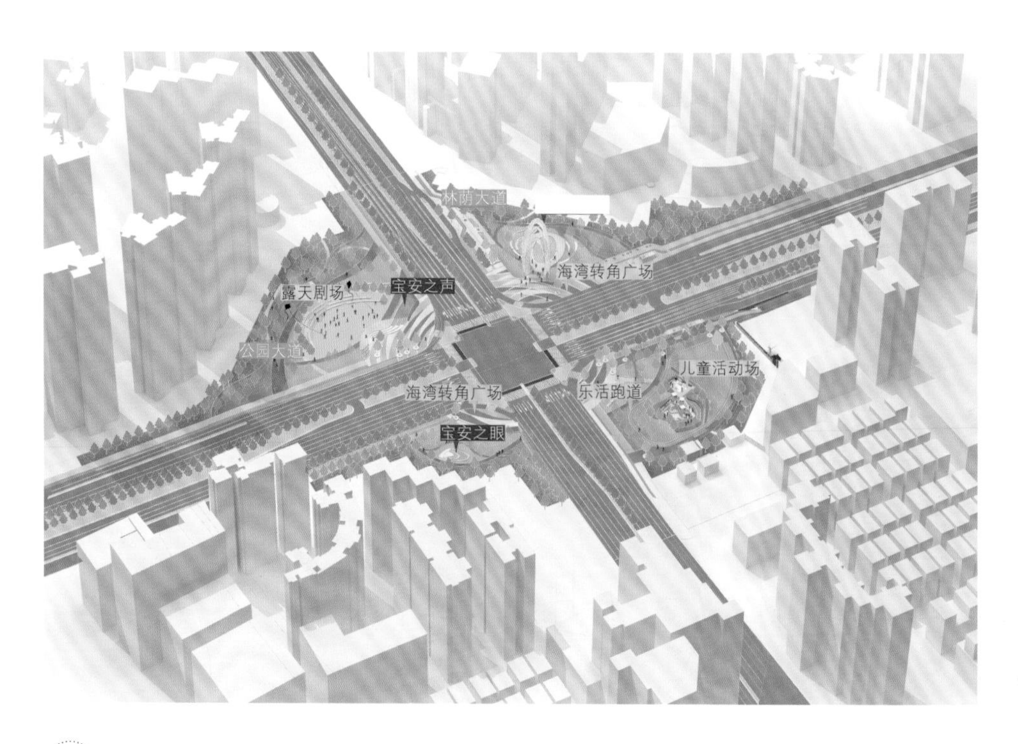


< 公园布局

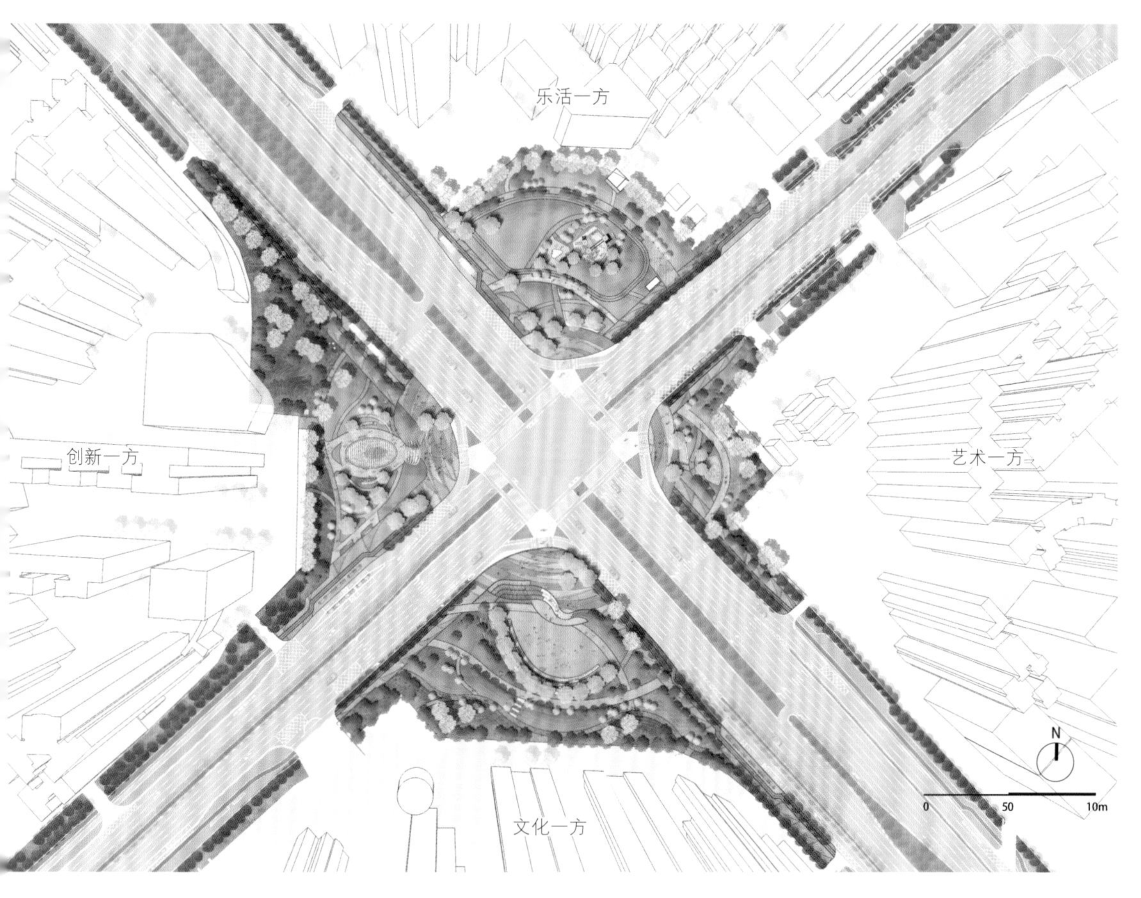


∧ 平面图

## ■ 细设计与措施

（1）文化一方

文化一方由露天剧场、3 层弧形坐墙、跳泉水台阶及主题花林草坡组成。大草坪为宝安中心区的周边居民提供了多元活动的场所，包括音乐表演、放风筝、户外写生、露营等户外活动。坐墙和大台阶的多适应性设计，提供了嬉戏休息的可能性，也是傍晚观看城市盛景的重要场所。

< 文化一方 - 露天剧场

∧ 坐墙和大台阶的多适应性设计，提供了嬉戏休息的可能性

∧ 文化一方 - 跳泉水台阶

（2）创新一方

创新一方由四季之门、椭圆形音乐旱泉广场和地形草坡组成。象征一年四季、安居乐业的四季之门艺术雕塑是城市中一道亮丽的风景线，夏日雾森降温，夜间位于顶部内侧的星光灯点亮雕塑，与音乐旱泉一同为城市注入活力。

< 创新一方鸟瞰

< 旱泉广场

< 四季之门 1

< 四季之门 2

< 装置细节

< 亲子活动场地

（3）乐活一方

乐活一方由一条约 200m 长的林下环形慢跑道和其间的亲子活动场地组成。慢跑道的选线避开了飓风后保留的乔木。采用多种活动设施的儿童活动场地，弥补了周边老社区设施的不足。

（4）艺术一方

艺术一方则主要包括各类艺术雕塑以及休闲座椅。在这里，人们不仅可以欣赏雕塑艺术，提升艺术审美，还能小坐休憩，放松身心。

< 亲子活动马赛克座椅墙

## ■ 项目建成后的评价与意义

宝安中心区四季公园采用整体的设计语言将其打造为一个门户公园，同时为周边社区提供了多元的活动目的地。该公园的改造建设见证了深圳的道路基建，在保障原有车行通畅的功能之外，逐渐展开完整街道、景观生态和多元活动的发展新形态。

∧ “乐活一方”中的林下环形慢跑道和其间的亲子活动场

< 雨水花园

# 宁波万科芝士公园

**项目地点：** 浙江省宁波市海曙区灵桥路
**项目面积：** 3.5hm$^2$
**景观面积：** 2.7hm$^2$
**设计公司：** WTD 纬图设计
**设计团队：** 李卉、郭妮、唐志杨、李理、范玮、张晓、沈梦茹、赵冬舸、郭燕、赵娟
余中元、王玥、赖小玲、蓝德泉、杨根、董瑜、胡晓梅
**业主方设计团队：** 杨耀阳、史亚雷、汪江萍、王晓田、楼汪乾
**摄影：** 看见摄影——鲁冰

## ■ 项目概述

宁波日报报业大厦位于宁波最核心区三江口之上，原为报业集团办公使用。业主方通过租赁方式与报业集团合作，将其用途从办公改为商用。目标是针对不同年龄段的各类培训业态，打造一个全品类多业态的城市学习综合体，并结合音乐厅打造宁波最具影响力的素质教育培训集成平台。

本项目命名为“芝士公园”谐音“知识”，象征以知识的力量撬动宁波这座知识城市。旧改项目都是“带着镣铐跳舞”，而办公改商业则需要舞者有更灵活的腾挪转身，才能在限制中找到自由，在约束下引爆力量。

∧ 前广场改造前后对比

∧ 商业街改造前后对比

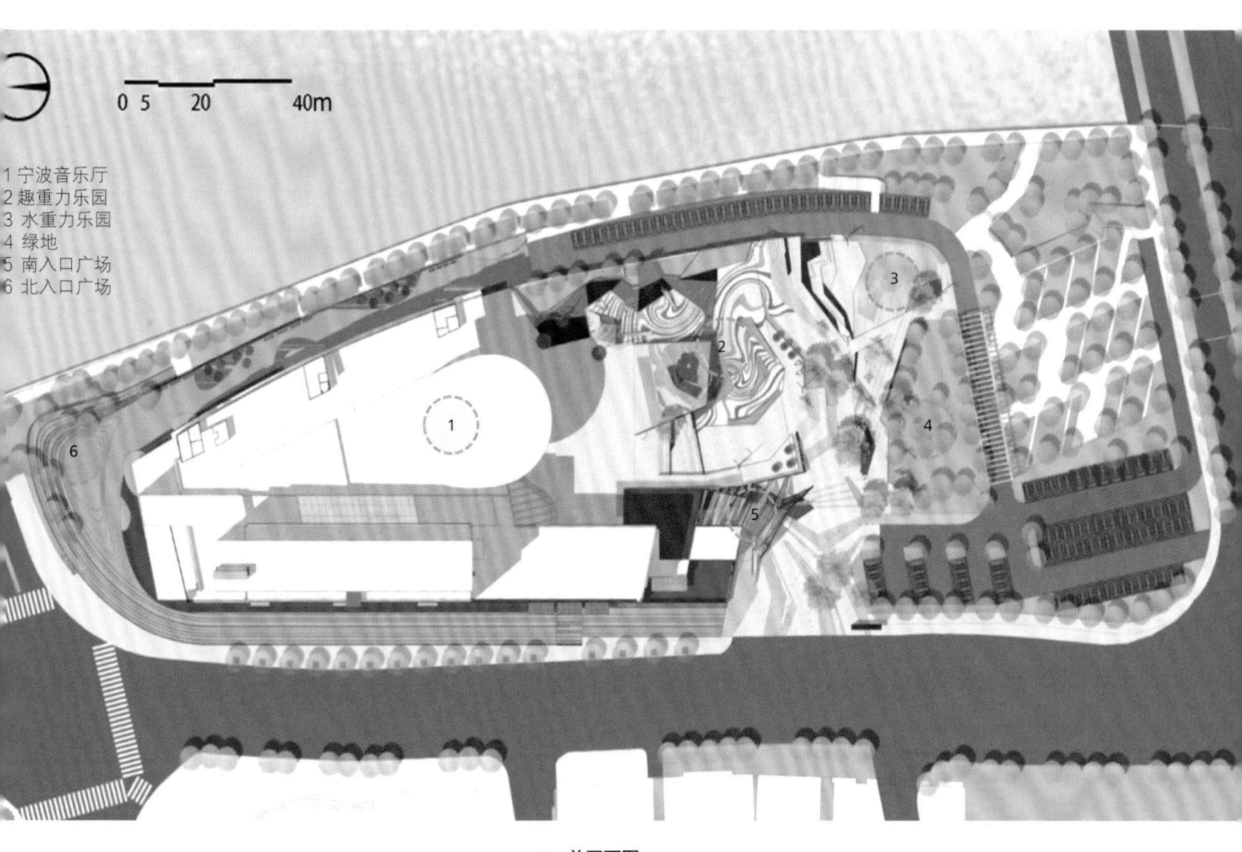


∧ 总平面图

## ■ 场地分析及改造方案

场地原南侧广场作为两层停车场使用，最近的停车位离音乐厅入口不超过 20m。该项目建设时，北侧灵桥正在封闭维护当中，临时搭建的辅桥几乎占据了建筑北侧的整个广场。设计师们开始对原有场地进行解剖。所谓“痛则不通，通则不痛”，原有场地最大的痛点就在于不通。原建筑周边的户外场地几乎完全被停车场占据，且各方进入都存在很多隔阂；车流成为场地的主角，导致人流无法顺利流动起来。

一层，车是场地的主角，东西南北都难以交流；二层，只能停车，连配角都没有了。如此阻碍不通，何来商业活力？

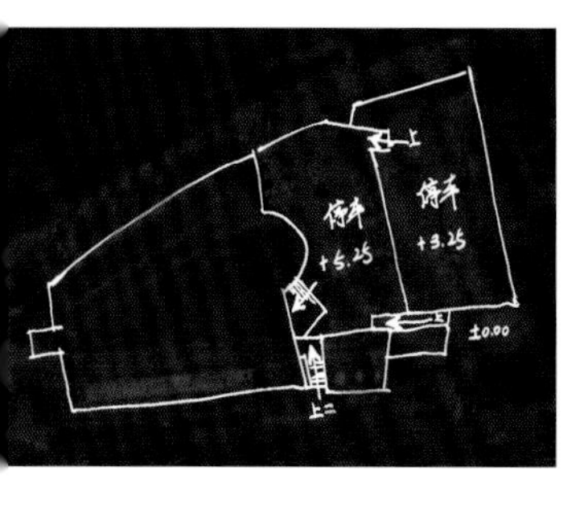

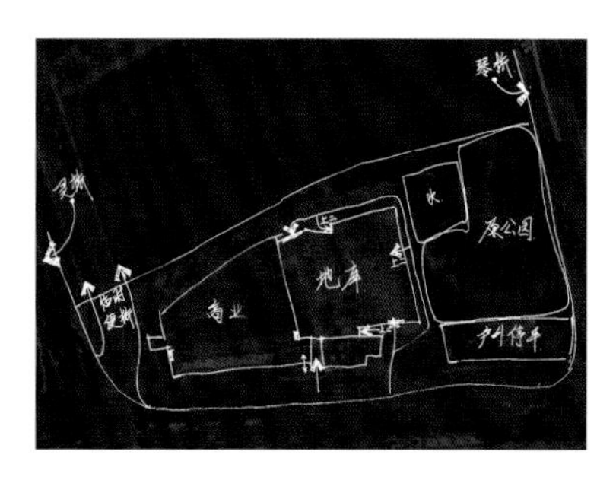

∧ 改造后的停车场

< 宁波音乐厅与趣重力乐园

首先，设计师们对停车场进行了全方位改造。把这片场地，变成一个有鲜明主题的公园，以它的激情活力与参与度，让其自身就成为一个目的地。同时让它和市政公园连成一体，在功能和形式上都形成互补。三级台地的高差更是设计改造的关键点。

其次，将南北人流打通。北侧的广场在灵桥修复完成后需要复原成一个有聚合引力的人流接口，并快速引入商业内部，南侧将临街面开口拓宽，车道隐形，把人的体验放在首位。将东西向原车行入口改为人行通道，与河滨的入口呼应形成通廊，增加一层内部商业的人流引入。在西南角切掉一部分地库，把原本阻挡的界面变成一个接纳性广场空间，利用喇叭口的引力将人流引入一层内街商业。

< 游乐区鸟瞰

## 设计亮点

场地大的脉络梳理通畅之后，接下来要为其赋予个性的形象颜色。场地的形色有赖于使用人群自身的形色。素质教育培训集成平台的定位，帮设计师们定义了这个场所人群的特征——以婴幼儿到青少年为主体，以及学习型家长和需要职场提升的年轻人。这群年轻活力的使用者决定了这里的风景必然是温暖的、明艳的、鲜活的；他们的行为特征也决定了空间必须是互动的、融入的、高度参与的。

场地脉络通畅，人群形色清晰之后，设计师们开始了景观空间的重构。重构之后的每一个痛点都完成了其华丽的转身。一个场地的辨识度，会决定它在人群中的记忆度和传播度。个性鲜明、易于传播，是设计师们要去塑造的深度场地特征。于是在形色之下，设计师们试着为场所注入它的独特性。

### 1. 芝士猫

万科把该项目定义为芝士公园，并为这个公园创作了一位形象代言人——芝士猫。设计师们以空间的形式，构建了这只芝士猫：一个由钢管和钢网构成的棱角分明的块和面结合的大型构筑物，有着猫咪的三角形尖耳朵以及大眼睛；两只大眼睛刚好形成了滑梯下滑的出口和绳索攀爬的入口——它本身就是一个游乐场。

有颜值有个性，如果还有内涵，那么还有什么理由不爱上它？于是我们要求芝士猫绝不只是会卖萌耍酷，还必须要能传播知识，这样才不会浪得虚名。

∧ 全园鸟瞰

< 吉祥物：芝士猫

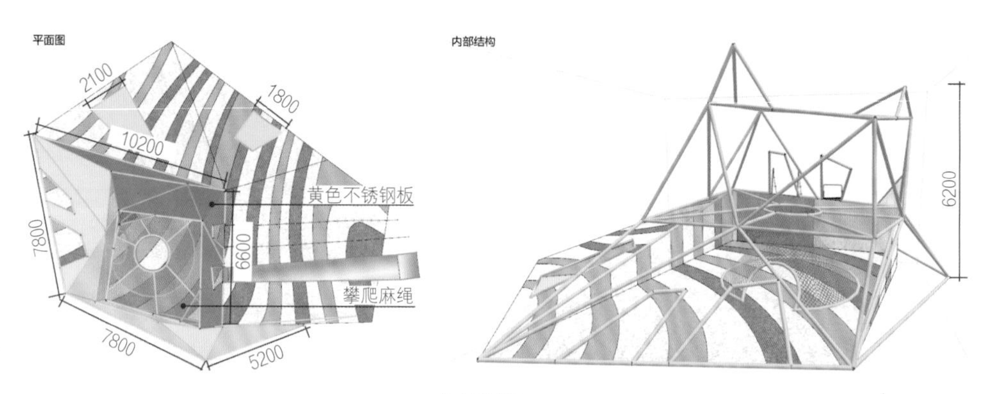


∧ 芝士猫分析图

∧ 芝士猫外观

∧ 芝士猫内部攀爬游乐空间

**2. 趣重力乐园**

树上落下一颗苹果，有人看到苹果，有人看到秋天，而牛顿看到重力。在原状保留的两块顶板与南侧水池场地的三个台面之间，设计师们也看到了重力——他们为芝士猫找到了知识内涵，于是有了趣重力乐园和水重力乐园。

阿基米德说：“给我一个支点，我可以撬起整个地球。”设计师们结合场地的特点，找到了“重力”这个知识点来尝试撬动孩子们未来浩大的知识系统。

重力塔、重力拉索、体重吊环等多种与重力相关的力学游戏器械，让孩子们体验失重、超重、离心力、向心力、自由落体、能量转换、摩擦力等各种力学知识。设计师们甚至还尝试通过漩涡状的铺装及特定的体验点模拟引力场带给人们的感受，将这类抽象的知识变得直观可以体验。

∧ 趣重力乐园

### 3. 水重力乐园

借用原桥头公园里保留下来的水景，设计师们在这里延展出了各种各样的水重力游戏，如水压游戏、戏水阀门、压力水盘、宇宙水环、重力水玩等，让孩子们在玩耍中对水有更多的认识，也对水重力有更多的体验。

除了这个以“重力”为支点的主题乐园，结合城市的滨水界面桥头空间等，设计师们也对周边市民生活依托与这片土地的各种行为进行了分析，希望新的设计不是割断他们与原有生活模式的关系，而是强化他们日常行为的体验并给到他们更丰富、完整的记忆。

< 水重力乐园鸟瞰

< 水重力乐园嬉戏场景

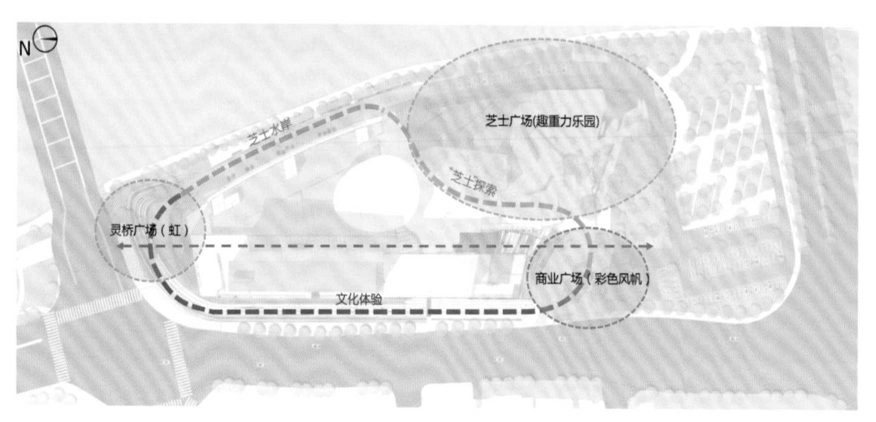


< 景观结构分析图

## 项目建成后的评价及意义

自建成以来，芝士公园举办了舞王大赛、潮童走秀、魔方大赛、音乐客厅、亲子挑战赛、马术体验、经典朗读等各类活动，成为全家参与、学习游戏两不误的好去处，逐渐融入众多宁波市民的日常生活中。

以“赋能”的方式“赋活”场所，这是用产业升级带动城市有机更新的一次成功尝试。从报业大厦到芝士公园，经过一系列的解剖、梳理、重构，设计师们终于让这块城市中心的土地又重新焕发出璀璨的光芒和无限的活力。

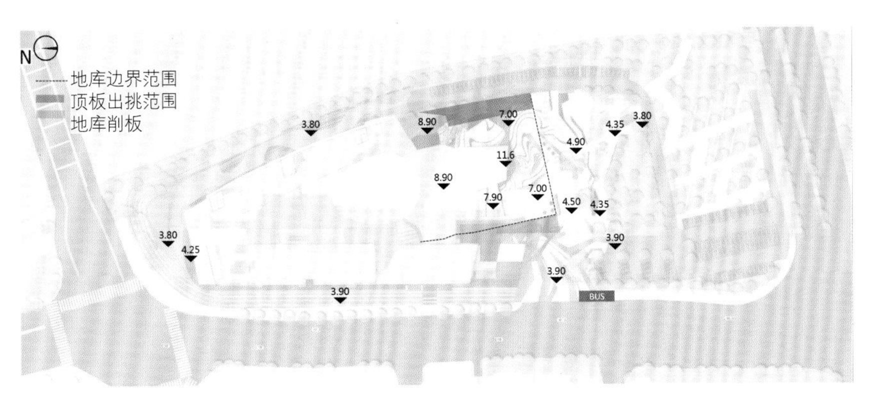


< 竖向分析图

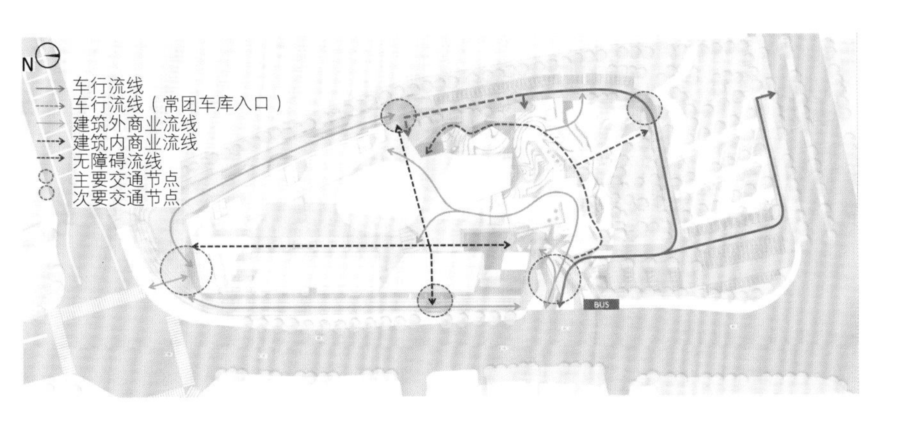


< 交通分析图

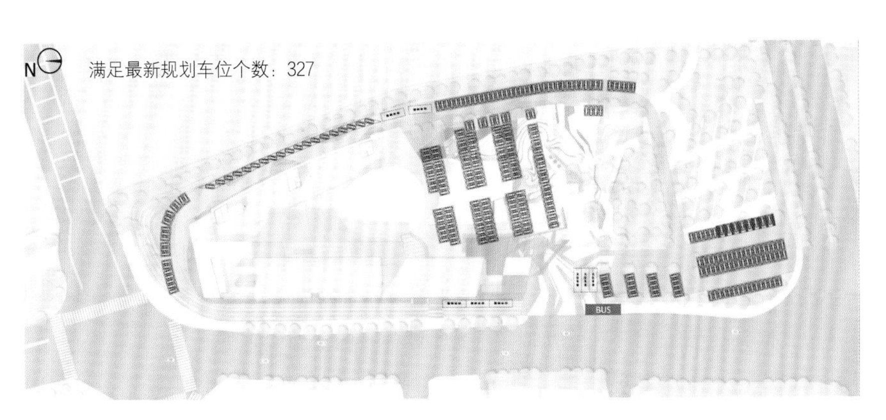


< 停车位分布图

# 北京万寿公园改造工程

**项目地点：** 北京市西城区白纸坊东街甲 29 号
**项目面积：** 5.1hm$^2$
**设计公司：** 北京创新景观园林设计有限责任公司
**主创设计师：** 李战修
**设计团队：** 毕小山、韩磊、郝勇翔、张东、陈静琳、梁毅、苏驰、祁建勋、邢思捷、王阔、苑朋淼、赵滨松、侯晓莉、史健
**摄影：** 李战修、毕小山
**获奖情况：** 2015 年北京园林优秀设计一等奖、2017 年北京市优秀工程勘察设计奖专项奖（景观园林）一等奖、2017 年度全国优秀工程勘察设计行业奖优秀园林和景观工程设计二等奖

## ■ 项目概况

万寿公园是北京市第一座以老年人休闲活动为主题的公园，也是全国首家节能型公园和具有较完善应急避难功能的示范性公园。公园周边有大量的居住区，还有学校、医院、运动场、图书馆等设施，公共交通方便。

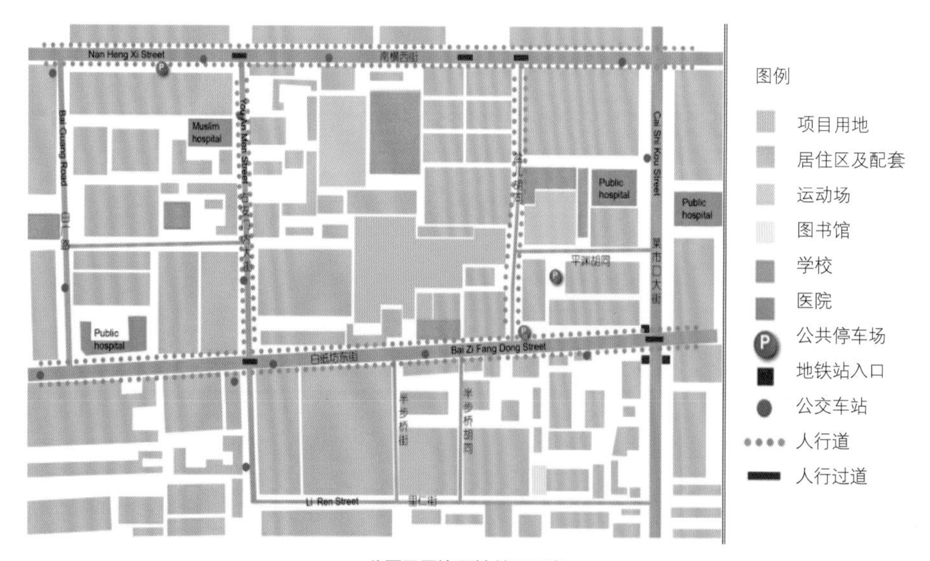


∧ 公园及周边用地关系示意

万寿公园改造工程竣工于 2014 年 10 月。改造前的万寿公园已经拥有了较为良好的植被环境，拥有一批长期使用该公园的老年客源、老年人服务组织及社区服务网络。现有良好的周边公共交通网络使公园具有高度的可达性，能够方便地服务于周边社区的人群，尤其是周边社区中的老年人。但是，随着社会发展，人们的生活观念发生改变，需求不断提升，公园已有的布局、功能和设施已经不能满足周边居民不断提升的使用需求；公园门区人车混行，环境杂乱，公园建筑形式缺少和谐统一，现有沿街商业与公园服务不相关，且形象极差，因此急需改造。

∧ 改造前东门杂乱的沿街立面

∧ 公园改造前陈旧的设施

∧ 公园内原有的建筑风格

## ■ 改造中的原则与设计理念

### 1. 改造原则

①整治乱点，人车分流，消除安全隐患，方便游人出入；优化建筑功能，美化沿街立面。

②更新陈旧设施，使老年人群通过使用公园达到亲近自然、社交活动、体育锻炼、自我健康调节的目的。

③建立“孝”文化宣传基地，在新时代弘扬中华民族传统文化。

④满足使用者对公园新的需求。

康体乐园
绿竹宛
水溪山色
秋林爱晚
孝行民和
天天园艺
茶韵飘香
寿贺康宁
1 东门
2 热水供应站
3 颐景轩游客服务中心
4 太阳能手机充电站
5 海棠书斋
6 卫生间
7 应急避险指挥中心
8 公园管理处
9 公共安全宣传教育基地
10 茗香茶社
11 南门
12 康复栏杆
13 门球场
14 地书广场
15 运动健身广场
16 康复乐园
17 健足步道
18 寿贺康宁
19 绿竹苑
20 知音瀑
21 秋林爱晚
22 天天园艺
23 五福同乐广场
24 孝行民和广场

^ 一线八景区的规划布局

∧ 孝文化景墙

∧ 东门广场改造前

∧ 东门广场改造后（孝行民和）

### 2. 设计理念

以“孝”文化为主题，融入“积极老龄化”的理念，打造社会景观、文化景观、城市景观、民生景观的四位一体景观改造工程，通过“一线八景区”的总体规划布局创造生态、和谐、健康的老年人友好社区示范性公园。

2002 年，世界卫生组织提出“积极老龄化”理念，并出版《积极老龄化：政策框架》一书。积极老龄化理论倡导提高老年人的生活质量，创造健康、参与、安全的最佳机遇；同时认为，老年人是被忽视了的社会资源，强调老年人应该获得继续健康地参与社会、经济、文化与公共事务的权利。公园改造设计力求通过多种措施鼓励老年人积极参与康体健身和社会活动。

## 特色空间改造

### 1. 东门广场景观改造——孝行民和

改造后的孝行民和广场解决了东门原来人车混行的问题，消除了安全隐患。广场可进行集体活动。广场视觉中心处设置的文化景墙采用钢与石材相结合的形式，上面刻有文字，揭示孝文化主题。宣传栏镶嵌于新建的园墙上，展示关于 24 孝的故事，形式古朴典雅。

< 海棠书斋改造前

< 海棠书斋改造后

孝行民和广场的北部坐落着“海棠书斋”，该建筑原为西城区老干部活动中心。改造工程对该建筑的外立面进行修缮，对内部环境进行装修，在建筑周边种植海棠、竹子，迎合“海棠书斋”的主题。功能上，该建筑成为免费为老年人开放的图书阅览室。老年人可以在这里阅读书籍，并参加定期举办的健康知识讲座。

∧ 老年人在海棠书斋内阅读

∧ 老年人在海棠书斋内听健康讲座

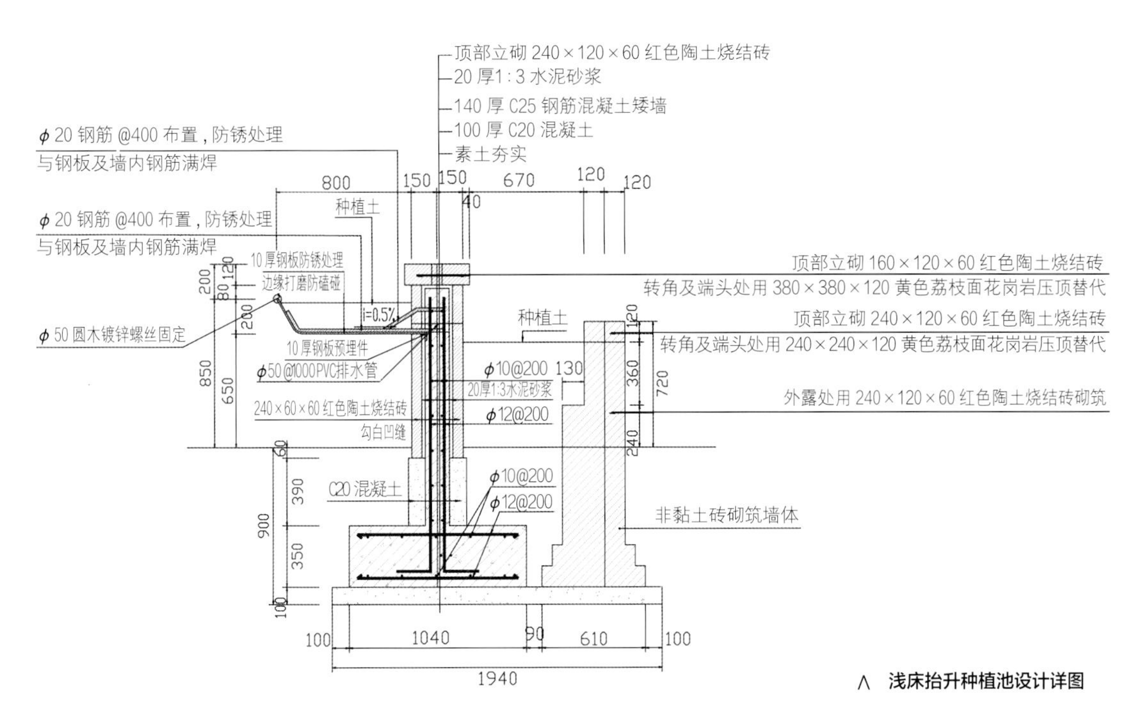


∧ 浅床抬升种植池设计详图

**2. 康复花园——天天园艺**

康复花园是为老年人提供积极的恢复功能机会的花园，重点是从生理、心理和精神三方面关注人体的健康。天天园艺是一个结合了园艺活动的康复花园。通过浅床抬升种植池、垂直的墙园、芳香植物、钵体式种植等手段设法使老年人更多、更近地接触绿色植物，并且有机会享受园艺活动的全过程，获得放松与喜悦。

①浅床抬升种植池。浅床抬升种植池为老年人提供了进行园艺操作的平台。将种植床中的土壤抬高，使参加园艺活动的老年人不用弯腰即可轻松操作。悬挑出来的浅床种植盘提供了放腿的空间，方便乘坐轮椅的老年人使用。

②垂直的墙园。用植物装扮的墙体将绿色带到人们面前，便于用手触碰，拉近了人与自然的距离。

③芳香类植物。花园中的很多植物都具有怡人的芳香，人们可以通过香气或触碰植物的花叶来感知不同的植物，促进身心健康。

④钵体式种植。将植物种植在各式各样的花钵中，方便且节省空间。

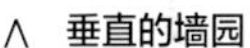

∧ 垂直的墙园

∧ 浅床抬升种植池

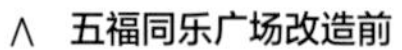

∧ 五福同乐广场改造前

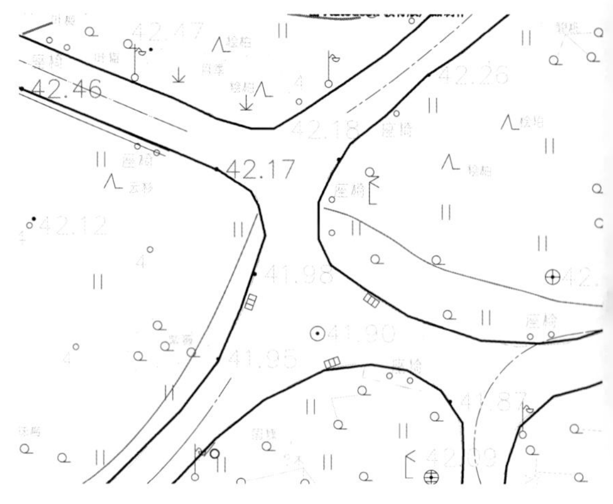


∧ 五福同乐广场改造前测绘

### 3. 五福同乐广场——秋林爱晚

该分区原有大量银杏树，秋季落叶金黄，十分绚丽，“秋林爱晚”也因此而得名。银杏林中原有一处道路交叉口，位置重要，周围散植三五株丝棉木，长势良好，但是场地功能不完善，缺乏特色。改造工程保留原有银杏林和丝棉木，将原有交叉路口改造成为中心广场，增强场地功能性；丝棉木下增设大树围椅，与休闲场地有机结合。广场中的雕塑表现共享“天伦之乐”的家庭主题，以及敬老和行孝道的文化内涵。

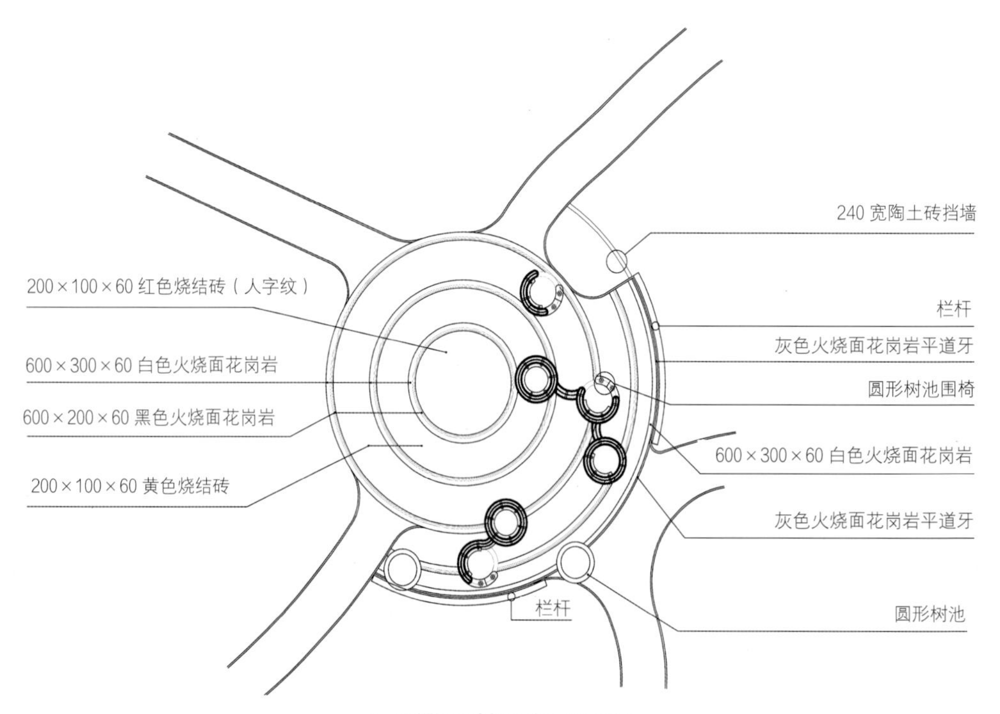


∧ 五福同乐广场改造后平面详图

< 五福同乐广场改造后 1

< 五福同乐广场改造后 2

### 4. 茶韵飘香

将公园中的一处旧建筑改造为茶社，对建筑表面及内部进行翻新，并赋予新的功能。重新设计建筑院落，使其成为一个舒适的品茶交流场所。院落入口种植竹子，将建筑掩映于绿色植物之中。

< 绿竹掩映下的品茶空间

## ■ 设施适老化更新——通过细节体现关怀

改造工程对公园中的设施进行了适老化更新，并遵循以下设计原则。

①以人为本。人性化是适老化设计的首要原则，这是由老年人群体的生理和心理特点所决定的。老年人生理功能衰退，组织器官老化，调节机能、运动机能、感官机能、认知能力都出现不同程度的下降。在心理方面，老年人更容易出现不安全感、孤独感、抑郁感、失落感、自卑感和眷恋感。因此，公园适老化设施的设计必须更多地体现对老年人群体的特殊关怀。

②隐性适老化。这是人性化的进一步体现，是指在满足老年人需求的同时，不对老年人心理造成过多的老化暗示。采用隐性的设计细节，鼓励老年人多运动，而不是直接用显性的设计为老年人贴上标签。

③安全保障。适老化设施要保障老年人的使用安全，防止跌倒摔伤，出现紧急情况时要能够及时救援。

（1）主环路

公园主环路全长约750m，采用暗红色沥青路面，颜色温暖明快，令人身心愉悦，同时可减少眩光对老年人眼睛的刺激。路面平整防滑，脚感舒适，利于老年人户外行走健身。

< 改造前的主环路

< 改造后的主环路

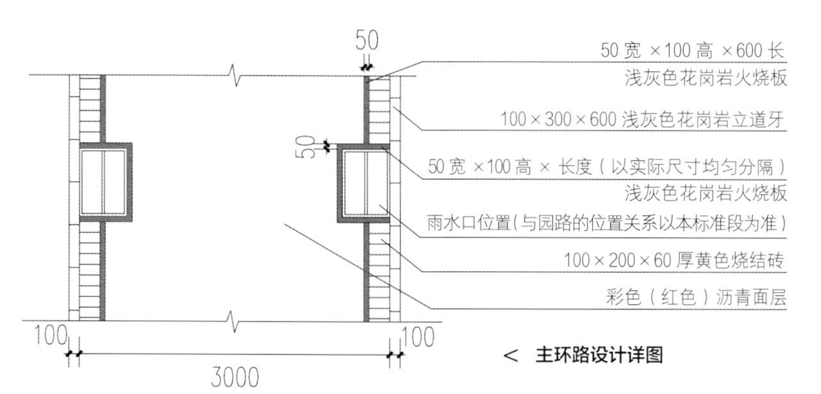


< 主环路设计详图

∧ 带扶手的座椅

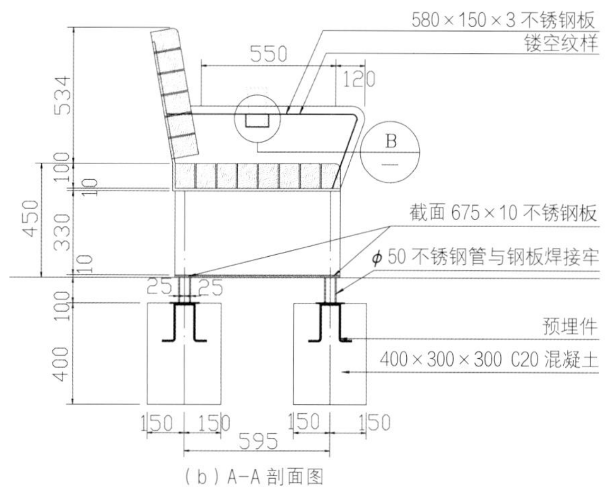


（b）A-A 剖面图

（2）多功能座椅

为了提高舒适度，公园内新增的座椅采用木材。边缘圆弧过渡处理，所有座椅都有靠背，尺度符合老年人身体特点，保证舒适的坐姿。扶手上专门设计了能够摆放茶杯和手杖的细节，使用起来十分方便。

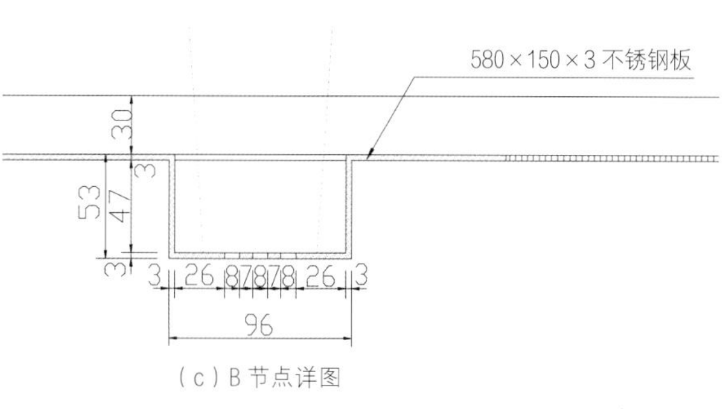


（c）B 节点详图

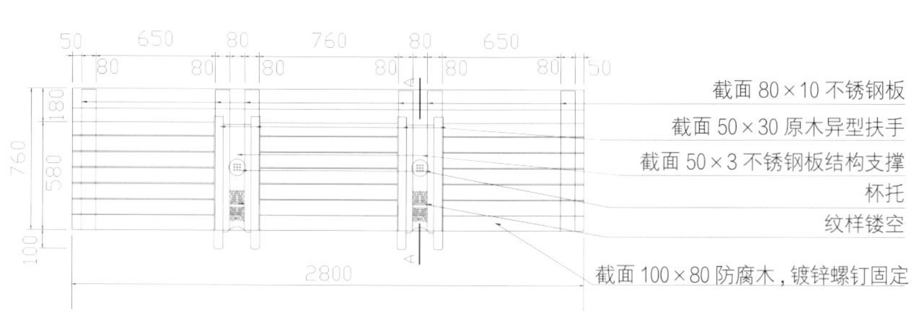


（a）平面图

∧ 座椅详图

（3）康复栏杆

全园设置总长约 400m 的康复栏杆，主要布置在主环路内侧及活动广场周边。倚靠栏杆，可以减少老年人长时间站立的疲劳感；手扶栏杆行走，可以使行动缓慢的老年人走路更加方便。高度适宜的栏杆还可以辅助老年人完成压腿、扭腰等日常锻炼，以此来鼓励老年人多行走、多站立、多活动。

∧ 沿坡道设置的栏杆

∧ 可悬挂物品的栏杆

∧ 沿主路设置的康复栏杆

∧ 广场边的栏杆

（4）康体设施

依据老年人的生理特点，公园专门设置了老年运动康体乐园，可分别进行指关节、腕关节、肘关节、膝关节以及相关肌群的运动练习。练习方式包括步态平衡以及相关部分的旋转屈伸。老年人在和朋友共同运动时可以相互交流、互换器械，在轻松柔和、简洁的运动中收获健康与快乐。

∧ 康复手指的微活动器械

∧ 康体乐园中的健身设施

（5）健足步道

公园西边沿主路有一处优美的银杏林。改造设计在银杏林下增加了一条卵石健足步道，结合表现足底反射区的特色铺装，按摩脚底穴位，是养生理念的集中体现。小桥的设置增添了场地的趣味性。

< 康体乐园中的健足步道

< 健足步道中的小桥

（6）热水供应站与应急呼叫系统

为方便游人，践行敬老爱老的理念，公园在东门及南门设立两处热水供应站，全年每天从开园至闭园免费向游客供应热水。公园分别在东门、南门、中心广场、西北角广场、茶室、天天园艺及两处公共卫生间设置 8 个应急求助呼叫点。当遇到紧急情况需要帮助时，老年人可自己或由他人帮助呼叫值班人员前去处理。另外，公厕的每个蹲位也装有无线呼叫装置，值班室设在公厕管理房。全园呼叫值班室设在公园管理处，随时应对老年人出现的突发事件。

（7）WIFI 覆盖

公园设置 WIFI 覆盖，使老年人在公园中可以通过手机等电子设备看新闻、刷微博，随时了解国内外发生的重要事件，并通过电子社交工具与园外的亲友随时进行互动，使老年人的沟通与交流变得更加方便快捷。 太阳能充电设备可以随时为手机、平板电脑等电子设备充电，解除老年人休闲活动时因手机断电带来的不便，同时把太阳能转化为电能，将绿色能源应用于园林景观，突出节能环保的理念。

## ■ 种植设计特色

公园的种植设计以保留原有植物为主要原则，并根据现状植物特点分别形成以银杏、玉兰、牡丹、紫薇、樱花为主题的特色分区。设计师在公园的北部沿路打造了一条美丽的花境。

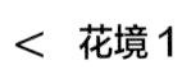

< 花境 1

< 花境 2

< 建筑与植物的融合

∧ 银杏林

## ■ 东门沿街建筑改造

公园东门牌楼南侧原为一排杂乱的商业店铺。破旧的店铺建筑、杂乱无章的广告牌严重影响街道风貌。本次改造将此处建筑重新定位为公园管理兼文化展览，采用与公园原有建筑相统一的古建筑风格，并命名为颐景轩。颐景轩东侧与改造后的牌楼共同成为沿街立面景观的重要组成部分；西侧围绕建筑营造庭院，成为公园内部的亮丽风景。

∧ 改造前东门杂乱的沿街立面

< 改造后的颐景轩
（东侧沿街）

< 改造后的颐景轩
（西侧庭院）

< 改造后的东门牌楼

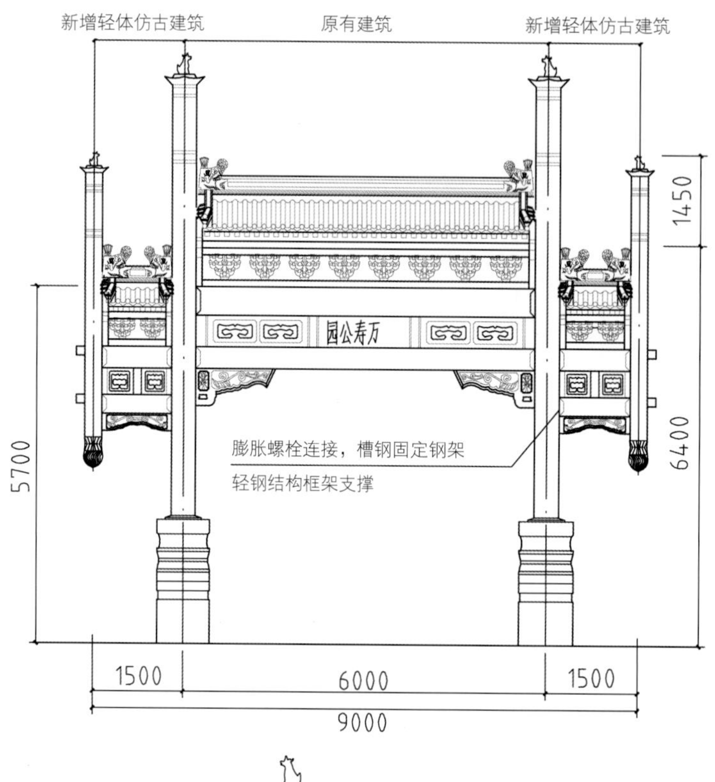


< 东门牌楼改造立面图

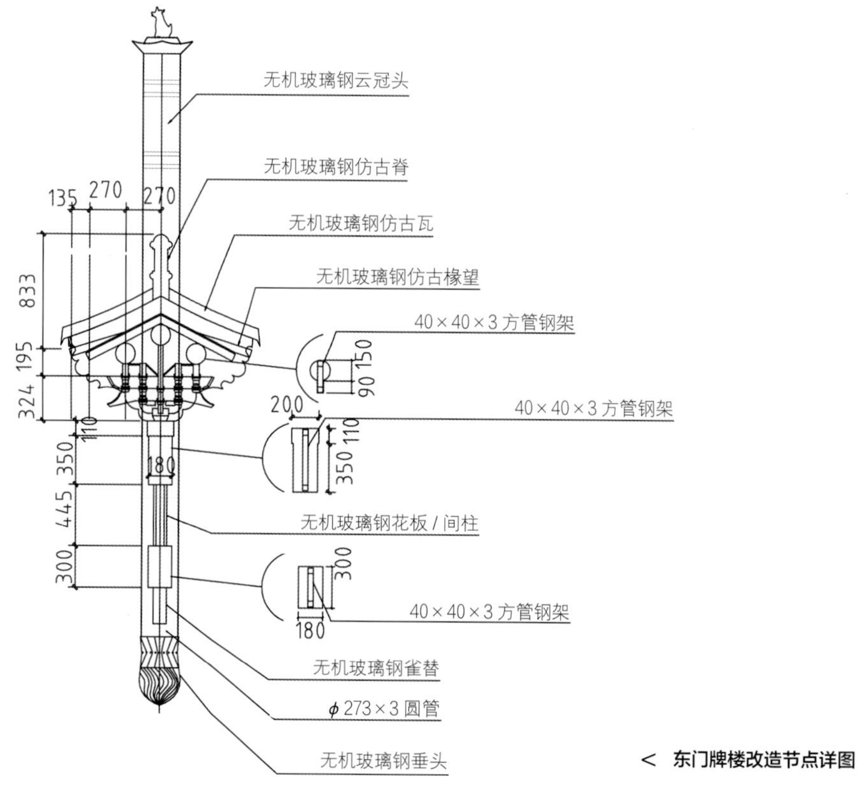


< 东门牌楼改造节点详图

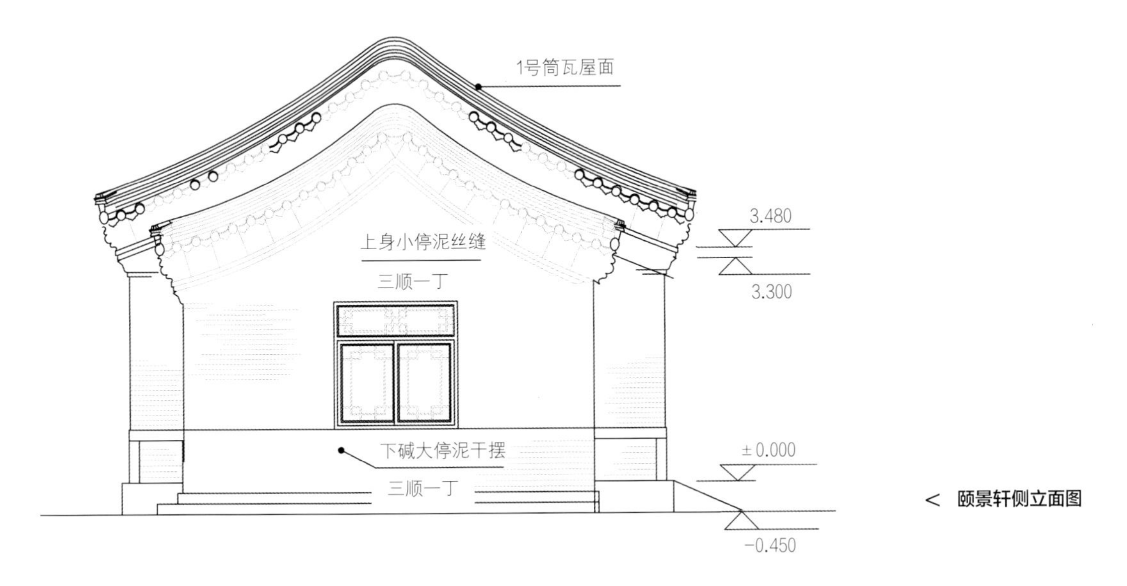


< 颐景轩侧立面图

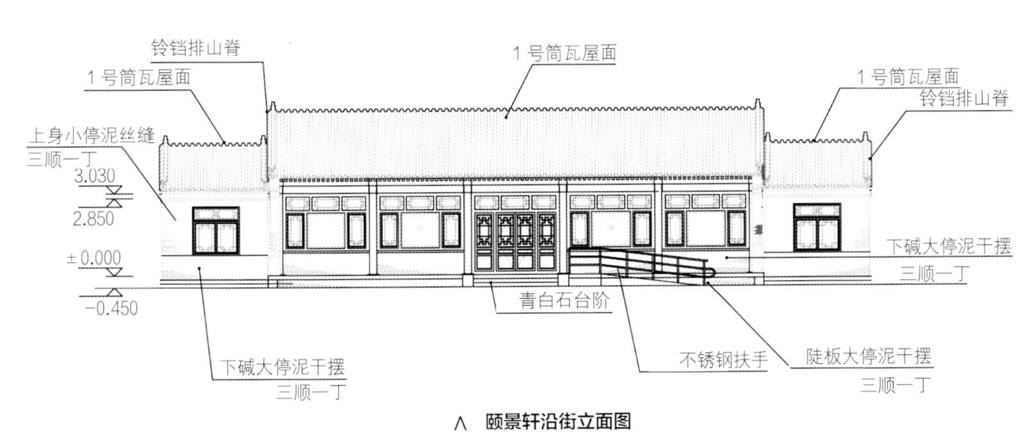


∧ 颐景轩沿街立面图

## ■ 建设意义

改造后的万寿公园生态环境良好，功能设施齐全，吸引了周边大量居民，尤其是老年人的使用。公园免费对外开放，成为社区中心一处难得的室外休闲活动场所，是公园城市体系中重要的组成部分。

首先，这是老百姓家门口的绿地，与市民生活关系密切，使用频率高。公园城市的建设离不开大量的社区公园与街头绿地。万寿公园就是这样一个深度融入百姓生活的被居住区包围的公园，与居民互动，与周边其他公园绿地共同构成城市绿网。

其次，我国的城市化进程已经告别大拆大建的野蛮扩张模式，存量土地的利用是备受关注的问题。万寿公园改造工程就是在现有公园绿地基础上进行的有机更新，保留了场所的原有价值，并力求满足人们对公园新的需求。

另外，在城市不断发展，社会不断进步的同时，我国的老龄化问题逐渐显现，并呈现出老龄人口基数大、增速快，地区间老龄化发展不平衡，未富先老与未备先老，老年人口高龄化、失能化、空巢化等特点。因此，公园城市的建设中，必须体现出对老年人群体的更多关怀。万寿公园改造工程是适老化设计在城市公园建设中的一次探索，对今后相关项目的建设具有借鉴意义。

# 广阳谷城市森林

**项目地点：** 北京市西城区菜市口地铁站西北角
**项目面积：** 4.47hm$^2$
**设计公司：** 北京创新景观园林设计有限责任公司
**主创设计师：** 李战修
**设计团队：** 王阔、郝勇翔、董天翔、张迟、祁建勋、韩磊、梁毅、孙佳丽、刘柏寒、张博
**合作设计：** 北京蓟城山水投资管理集团有限公司、北京杜马环境艺术设计有限公司
**摄影：** 王阔、郝勇翔

## ■ 项目概况

2017 年 9 月，《中共中央国务院关于对〈北京城市总体规划 (2016 年—2035 年 )〉的批复》中提出“要坚持疏解整治促提升，坚决拆除违法建设，加强对疏解腾退空间利用的引导，注重腾笼换鸟、留白增绿”。“留白增绿，和谐宜居”成为优化北京城市布局，推进城市双修的重要方式。

以此为背景，为提升城市生态品质，增强百姓获得感，西城区政府在加强城市微公园建设的同时，率先启动了“城市森林”的建设。以菜市口地铁站西北角( 广阳谷原址 ) 等闲置地为试点，进行“城市森林”新型绿化模式的设计探索与实践。

广阳谷城市森林位于北京市西二环内，东邻宣武门外大街，南邻广安门内大街，与菜市口地铁站相接。自 2017 年至 2019 年已实施了三期建设，占地总面积 4.47hm$^2$。场地原址是被违建占据的闲置地，现场停车混乱，垃圾倾倒现象严重，无绿化基础，仅存几十株老树。本次设计目标为贯彻落实“留白增绿、和谐宜居”的上位规划精神，打造以“城市森林”为特色的新型示范型绿地。

之所以叫“广阳谷”，是因为这块绿地所在的地段是历史上秦朝“广阳郡”故城的位置，结合现在场地内连绵起伏的绿谷森林的景观特点，将此处绿地命名为“广阳谷”，古今交会，体现出历史与现代的融合。

∧ 改造前场地情况

< 总平面图

## ■ 设计理念与特色

本项目是对“城市森林”这一新型绿化模式的探索和实践。结合本项目的实践经验，北京市园林局出台了《北京市城市森林建设指导书》，重新规范并定义了城市森林的核心理念和营建模式。

< 入口景观 1

< 入口景观 2

## 1. 理念思路的转变

与一般城市公园相比，“城市森林”实现了从注重景观向注重生态的转变。首先考虑生态优先，坚持可持续绿色发展原则。以承担部分森林生态功能及生态效益最大化为切入点，注重物种多样性及生态位多样化的塑造，形成完整的食物链及能量循环系统，在服务周边市民的同时为本地鸟类及迁徙候鸟提供一处食源充足、林木茂密的庇护所及落脚点，实现林、鸟、民三者和谐共生的城市森林。

## 2. 观赏模式的转变

与一般城市公园相比，“城市森林”更注重营造近似自然森林群落风貌的植物景观，而非传统的规则式排列、大组团色块搭配、精细化修剪整形所形成的规整式园林景观。

通过多层次林下空间的营造、多物种种群的近自然搭配、巧于因借的视域空间组合、低影响开发的雨水系统规划、更为舒适的漫步系统、更为多样的森林体验方式等，营造出样貌古朴、充满野趣，却又纷而不乱、整体协调、低维护可持续的近自然森林景观。引导民众的观赏模式从注重景观美化向注重生态自然转变。

< 改造后的自然森林谷地

## 3. 空间体验模式转变

与一般城市公园相比，“城市森林”对传统空间体验模式进行了优化。设计上舍弃了喧哗热闹的大型铺装空间，更强调小型游憩空间的营建。通过微地形的塑造，模拟山林地势起伏，利用丰富的植物层次隔绝外围城市环境干扰，自成一方静谧的林地。同时，结合周边森林环境氛围设计小型林下休闲场地，引导人们静下心来体验森林、安静休闲，获得舒适安宁的森林体验。

< 自然亲和的休闲小场地

## 详细设计与措施

广阳谷城市森林位于老城区内，是一种在人口高度密集、人工景观高度集中地带的新型绿地形式。与一般的城市公园相比，设计强调以森林空间为主体，以生态效益最大化为目标，突出近自然森林的构建，营造近自然的森林生态系统。

### 1. 突出“城市森林”理念，营造近自然生态景观

坚持生态优先原则，合理进行空间规划，运用“异龄、复层、混交”的种植手法，营造不同类型的近自然林，模拟北京本土自然森林群落。

### 2. 近自然合理配植，营造多元生境

对现有的 50 多株大树进行充分的保护和利用，丰富森林的龄级结构，同时形成场地最初的森林骨架。

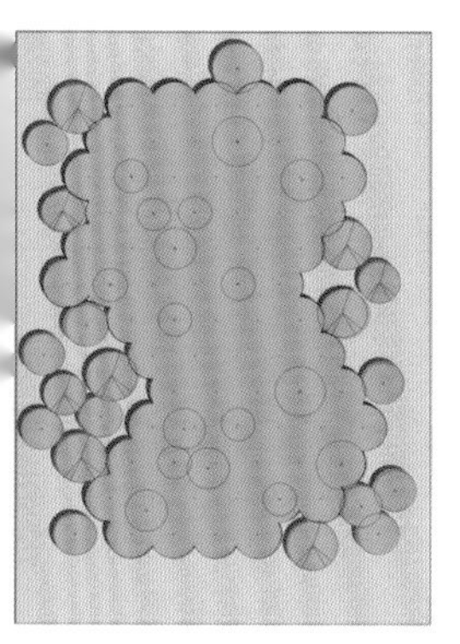

（a）近自然异龄林

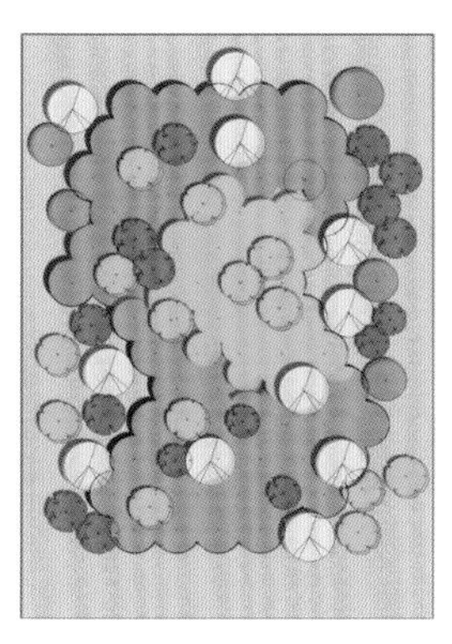

（b）近自然混交林

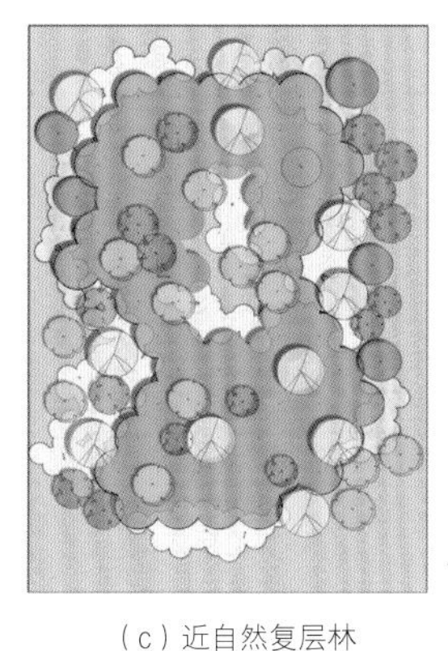

（c）近自然复层林

< 植物群落营建方法示意图

在新植树种的选择上，坚持“乡土、长寿、抗逆、食源、美观”的原则，并有引导性地选用了一般城市园林中应用较少但特性优良的乡土树种。尤其是北京本土山区引种下山已成功或已驯化归化的树种，如栎类、元宝枫、车梁木、花曲柳、灯台树、茶条槭、文冠果、丁香、太平花、绣线菊等。同时，更强调食源、蜜源以及营巢树种在群落建设过程中的重要性，如山茱萸、椴树、山楂、接骨木、海州常山、红瑞木、溲疏等。这些树种提供了更好的食源和栖息地，可以迅速地招徕鸟类、昆虫，进而吸引更多的野生动物入住栖息，利于森林生态系统食物链的构建。最后，选择一些表现好的新优彩叶树种丰富植物群落色彩，增彩延绿，突出群落季相变化，如银红槭、银白槭、金叶复叶槭、金叶接骨木、紫叶风箱果等。

< 保护利用原有大树

< 植物景观效果 1

地被方面，沿路选择委陵菜、活血丹、蛇莓等优良乡土铺地草本植物，能够短期有效实现地表全覆盖，并具备抗性强、低维护的特点。于景观节点处点缀小型花境，形成视觉焦点，丰富空间层次。林下空间则采用撒播耐阴花卉组合的方式，并在维护过程中尽量减少人为干扰，仅剔除恶性杂草，对优良自生草本群落予以保留培育，使其形成优良的自然演替。

在群落配置上运用异龄、混交、复层的方式合理配置精选树种，营造近自然植物群落，形成多元化的生境类型。并在后续过程中，通过自然演替形成稳定的本土近自然森林风貌，以及连续、连通的规模化林地。以上措施，极大地提高了绿地物种丰富度，形成了种质资源库，对于保护本土植物多样性和改善城市园林景观均质化的现状有着重要意义。建成后的广阳谷城市森林中有乔灌木种类 79 种，乡土植物占比 80%；鸟嗜蜜源植物占比 75%。

< 植物景观效果 2

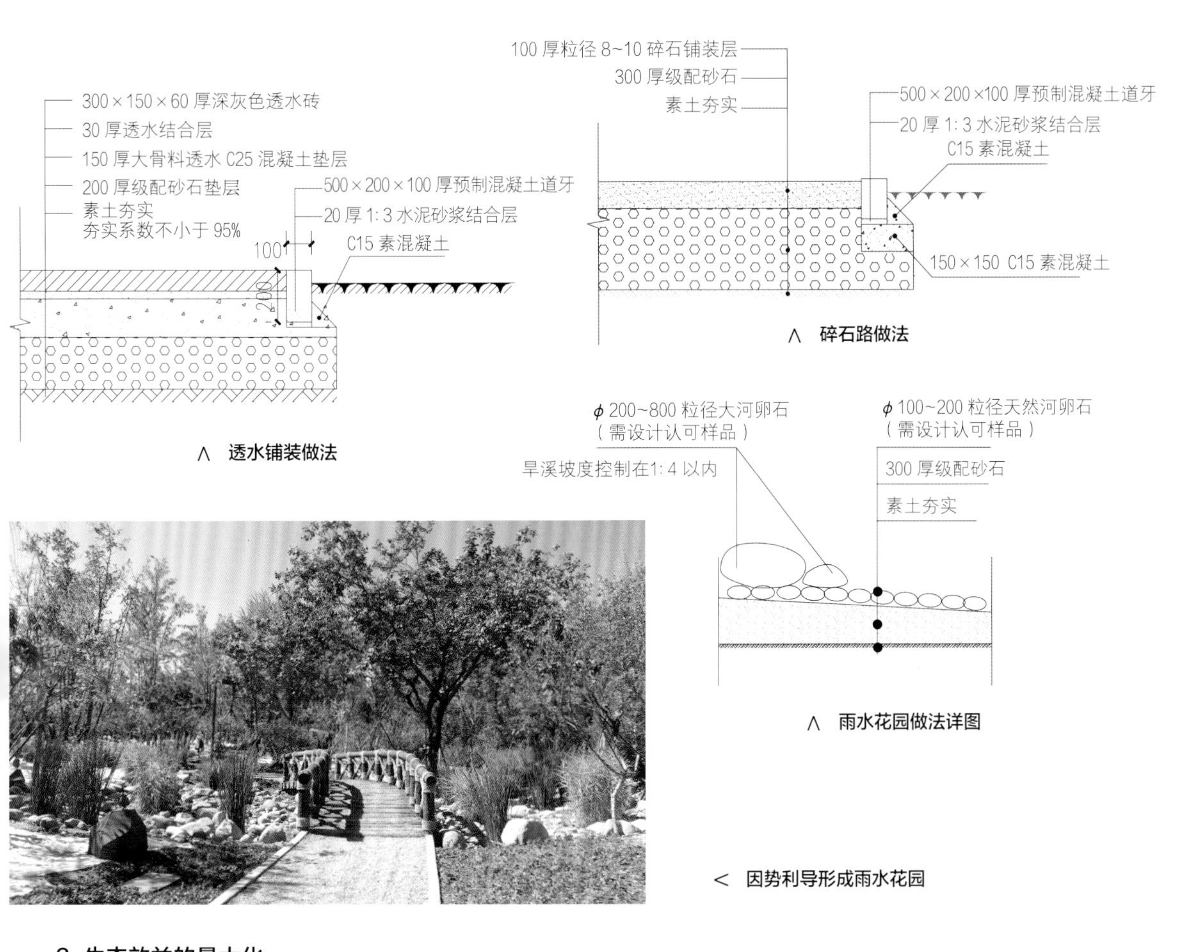


∧ 透水铺装做法

∧ 碎石路做法

∧ 雨水花园做法详图

< 因势利导形成雨水花园

### 3. 生态效益的最大化

设计优化了用地平衡策略，对现状进行整合梳理，除保留现状建筑周边的铺装外，其余不必要的硬质铺装均腾退为绿地。在满足市民基本游憩需求的前提下，降低园路及铺装的比例，以获得最大化的绿化种植空间，同时以高大乔木为主体，增加林木蓄积量，以获得更大的生态效益（一般城市公园铺装占比为 15%~30%，广阳谷城市森林为 9.4%）。广阳谷城市森林对本地区的水源涵养、空气净化、土壤保育、固碳释氧、物种保育、森林游憩等多方面的生态效益有良好的促进作用。通过计算，本地块年增加吸收二氧化碳量约 34t，释放氧气约 25t。同时在“减尘、滞尘、吸尘、降尘、阻尘”五方面对 PM2.5 等颗粒物具有明显的调控作用。

### 4. 贯彻海绵城市和低碳环保、可持续绿色发展的理念

强调雨水的利用、下渗，体现森林水源涵养功能。园内排水系统顺势而为，在低洼地区设置渗水井，并于最低点设置小型雨水花园，蓄积过多的雨水，为鸟兽提供饮水源。园路及场地选择透水性好的碎石材质，风格古朴且能缓解膝盖劳损，适合中老年人散步休闲。所有的落叶枯枝都不清除，随季节自然蓄积，形成枯枝落叶层，节省了养护成本，改良了土壤的养分结构。绿地内的环保动物雕塑采用回收的各种废弃钢铁零件，或可持续利用的环保材料，变废为宝，使环保的主题深入人心。

**5. 依托森林适度开展活动**

依托森林环境设置“森林音乐厅”“森林课堂”“森林游乐”等主题空间，开展科普教育和森林观测，使人们能够参与其中，体验森林的四季变换和植物自然演变、更替的过程，以此来推广欣赏原生态自然景观的审美认知，提高市民保护自然生态的意识。另外，结合健身步道、休闲场地等，在林下适度开展自然休闲和娱乐健身等活动，充分发挥森林氧吧的作用，促进人、城市与自然的融合互动。

< 废弃回收材料变废为宝

< 就地取材利用自然材料

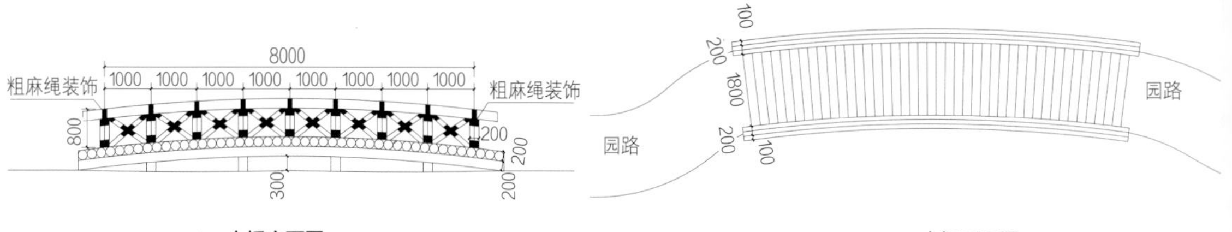


∧ 木桥立面图

∧ 木桥平面图

∧ 树木掩映的森林课堂

## ■ 项目建成后的评价与意义

广阳谷城市森林作为首都核心区的第一例“城市森林”，理念创新，为公园城市的发展提供了一种全新的思路，为城市景观均质化、人工化的问题提供了新的解决办法。项目建成后，创新景观园林设计有限责任公司受邀编制《北京市城市森林建设指导书》，融入了建设过程中的经验和思考，以指导后续城市森林建设。

本项目 2017 年的实施部分为一期工程，建成后引起广泛关注。市政府领导班子多次莅临参观指导，并批示期待更多城市森林走进城市。2018~2019 年，全市各区县陆续开展实施了数十项城市森林项目。广阳谷二期及三期分别于 2018 年和 2019 年实施完成。后面几年间，西城区园林局与北京市园林科研所、北京林业大学合作，以广阳谷城市森林为对象，开展了多项生态监测和科研教学工作。

本项目所具备的森林景观外貌及其承担的部分森林功能得到了业界专家及市民的认可，是落实留白增绿、推进城市双修的重要实践。

∧ 森林游乐主题沙坑

∧ 森林音乐厅主题小品

# 拼图公园

**项目地点：**江苏省淮安市
**项目面积：**约 15000m²
**景观设计公司：**大小景观
**设计团队：**钟惠城，叶婉璐，陈志华，颜琴，陈翔，叶星，许敏，林娟，王帆，宋妃敏
**景观施工图：**笛东规划设计（北京）股份有限公司上海分公司
**景观施工单位：**苏州绿大地园林营造有限公司
**装置设计与深化：**大小营造
**建筑规划设计：**爱坤（上海）建筑设计有限公司
**摄影：**南西摄影

## ■ 项目概述

淮安，一座在历史上大起大落的城市，与充满野心和欲望的一二线城市不同，这里的人们豁达知足，珍视着自己日常的生活片刻。在淮安安澜北路与富准路交界处，是台资聚集的经济技术开发区，周边的城市氛围不浓，路网整齐划一，配套设施较缺乏且分散，公共空间稀缺。周边的居民过着两点一线的上下班打卡生活。拼图公园的诞生，为周边的社区乃至淮安城区，送上了一份珍贵的礼物。

∧ 彩色山洞装置与大滑坡

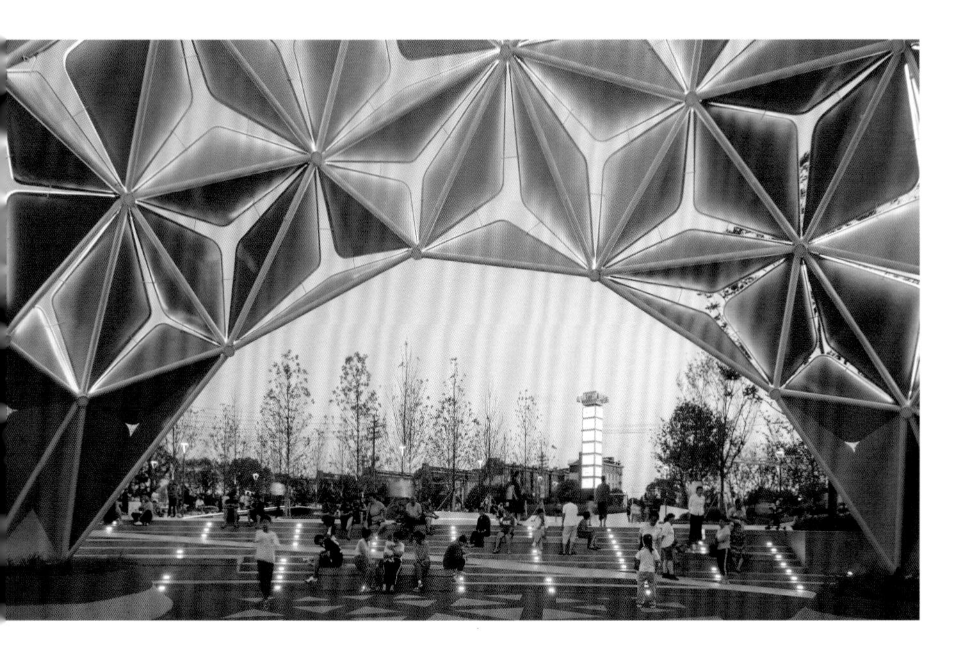

< 公园一角

## 设计理念与特色

淮安周边拥有一片壮丽秀美的自然农业景观。有机农田与整齐划一的工业园区相互拼接，融合在一起，形成了这片区域内独特的城市肌理：它们是大大小小的斑块状组团；它们的边界灵活可变、相互咬合；它们各个组团拥有自身的特色，并能变化出多种多样的组合，犹如一块块散落的拼图。自然与城市咬合紧密，相互拼接。场地内也留存了一片农田，呈现斑块状的农田肌理，设计师们的设计灵感便来源于此。整个设计希望能保留这份独特，将自然与冰冷的工业园区进行拼接，营造一个有温度、有生活、有情感的公共社交场所。

< 区位与场地农田肌理

< 公园鸟瞰

< 公园与城市鸟瞰

## ■ 详细设计与措施

在场地中，与公园紧密衔接的是旭辉复合型的商业综合体及金街商业街。公园场地大而平坦，横向与纵向边长均在100m以上。设计师们通过拆分重组的方式，将社交、商业、儿童、运动、休闲生活等功能拼接进来，形成公园内多组团拼接的设计格局。

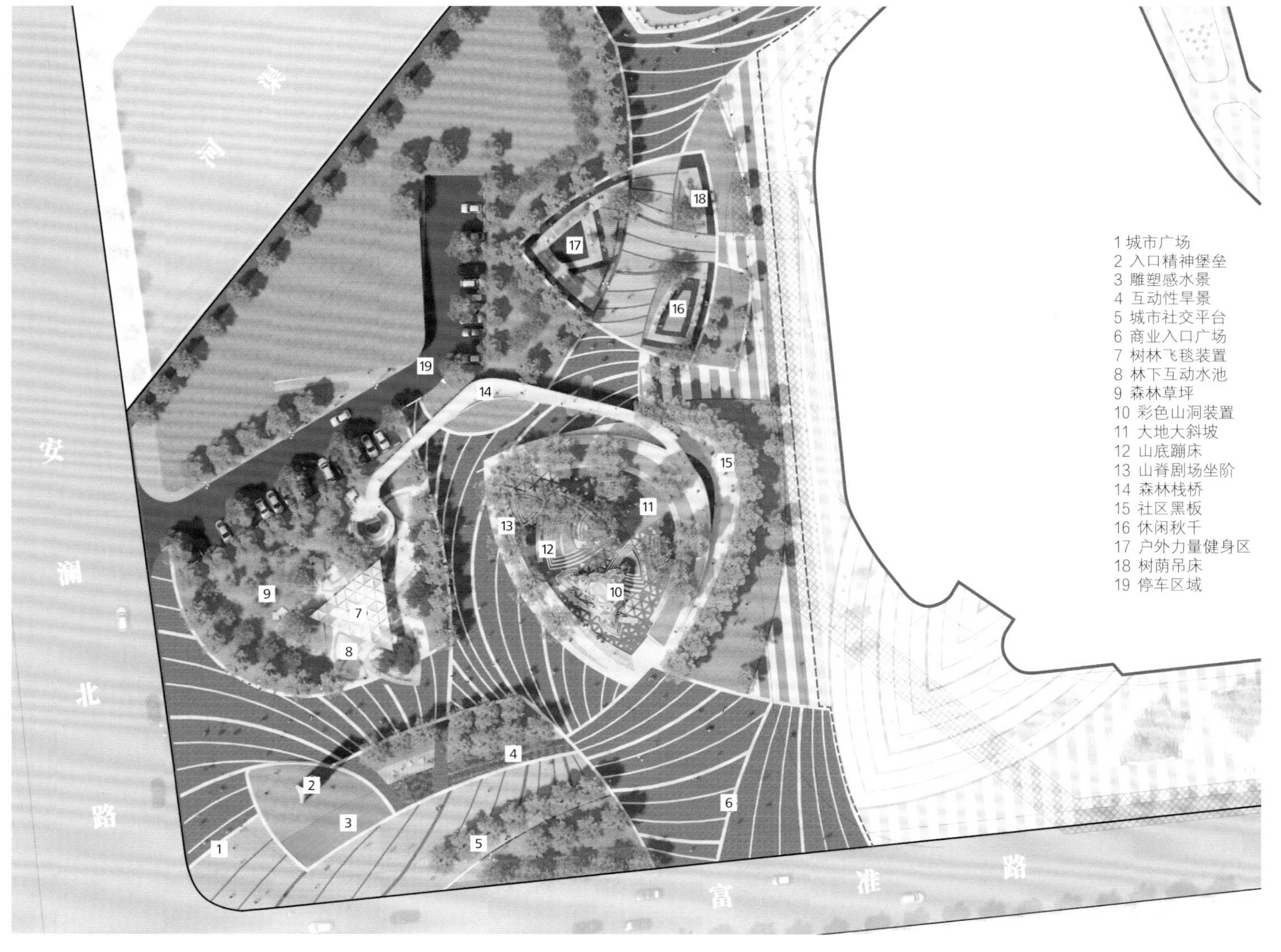
1 城市广场
2 入口精神堡垒
3 雕塑感水景
4 互动性旱景
5 城市社交平台
6 商业入口广场
7 树林飞毯装置
8 林下互动水池
9 森林草坪
10 彩色山洞装置
11 大地大斜坡
12 山底蹦床
13 山脊剧场坐阶
14 森林栈桥
15 社区黑板
16 休闲秋千
17 户外力量健身区
18 树荫吊床
19 停车区域
安澜北路
富准路

∧ 总平面图

< 城市拼图鸟瞰夜景

### 1. 社交城市拼图

与城市道路交叉口紧密相连的，是主打社交与引导属性的城市拼图，将周边的人群引向商业广场与公园内部。具有阵列感的榉树树阵、起伏的自然水景和林下的休憩平台，创造了舒适的有归属感的环境，让人仿佛置身林中。流动的水景和自然的跳泉吸引着小朋友在这里嬉戏、玩耍。在斑驳的树影与水雾的带动下，人们不知不觉就散步进入了公园的内部。

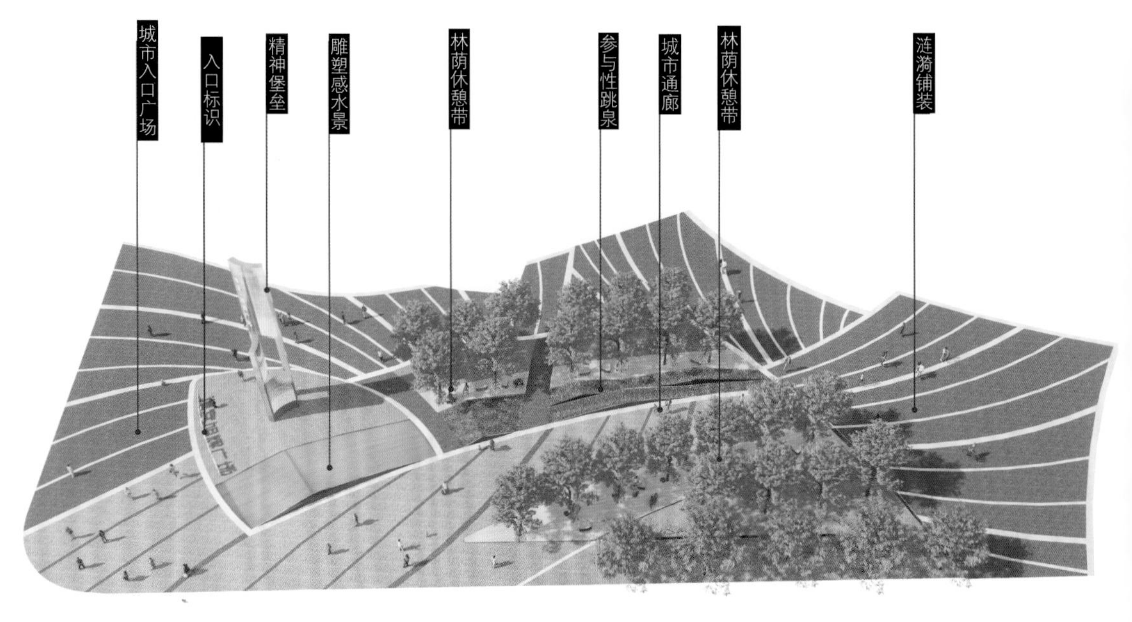


∧ 城市拼图轴测图

∧ 儿童在戏水

∧ 夜幕下与水景的互动

∧ 夜幕下的城市通廊与波光跳泉

∧ 互动性水景

< 山地拼图鸟瞰

2. 动感山地拼图

随之与其相接的，是公园最核心的运动板块——山地拼图。场地地形向两侧倾斜，中间形成最陡也最刺激的 4m 高滑坡，是整个场地中儿童参与度最高、最热闹的活动区域。两侧坡度较缓，设置有爬绳、抓手等，供低年龄层的儿童使用。他们在这里跑着跳着，爬着滑着，熙熙攘攘，甚至还排起了长队。场地中一组彩色的山洞装置放置在开放的活动区，马卡龙的渐变色系让它在场地中脱颖而出，成为整个公园的视觉焦点。

< 山地拼图轴测图

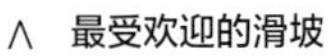

∧ 最受欢迎的滑坡

∧ 下沉剧场坐阶

< 儿童在滑坡上嬉戏

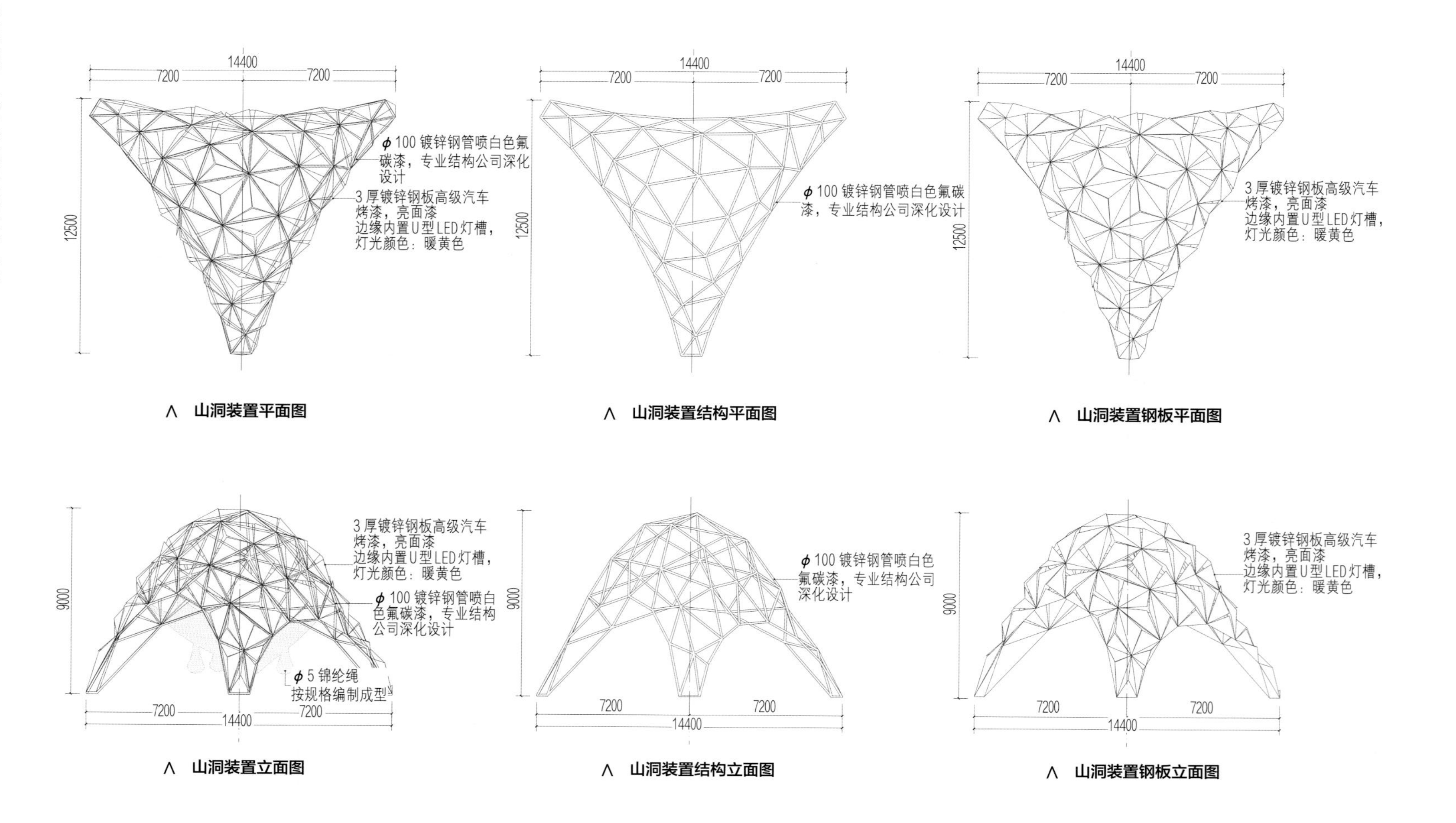


∧ 山洞装置平面图

∧ 山洞装置结构平面图

∧ 山洞装置钢板平面图

∧ 山洞装置立面图

∧ 山洞装置结构立面图

∧ 山洞装置钢板立面图

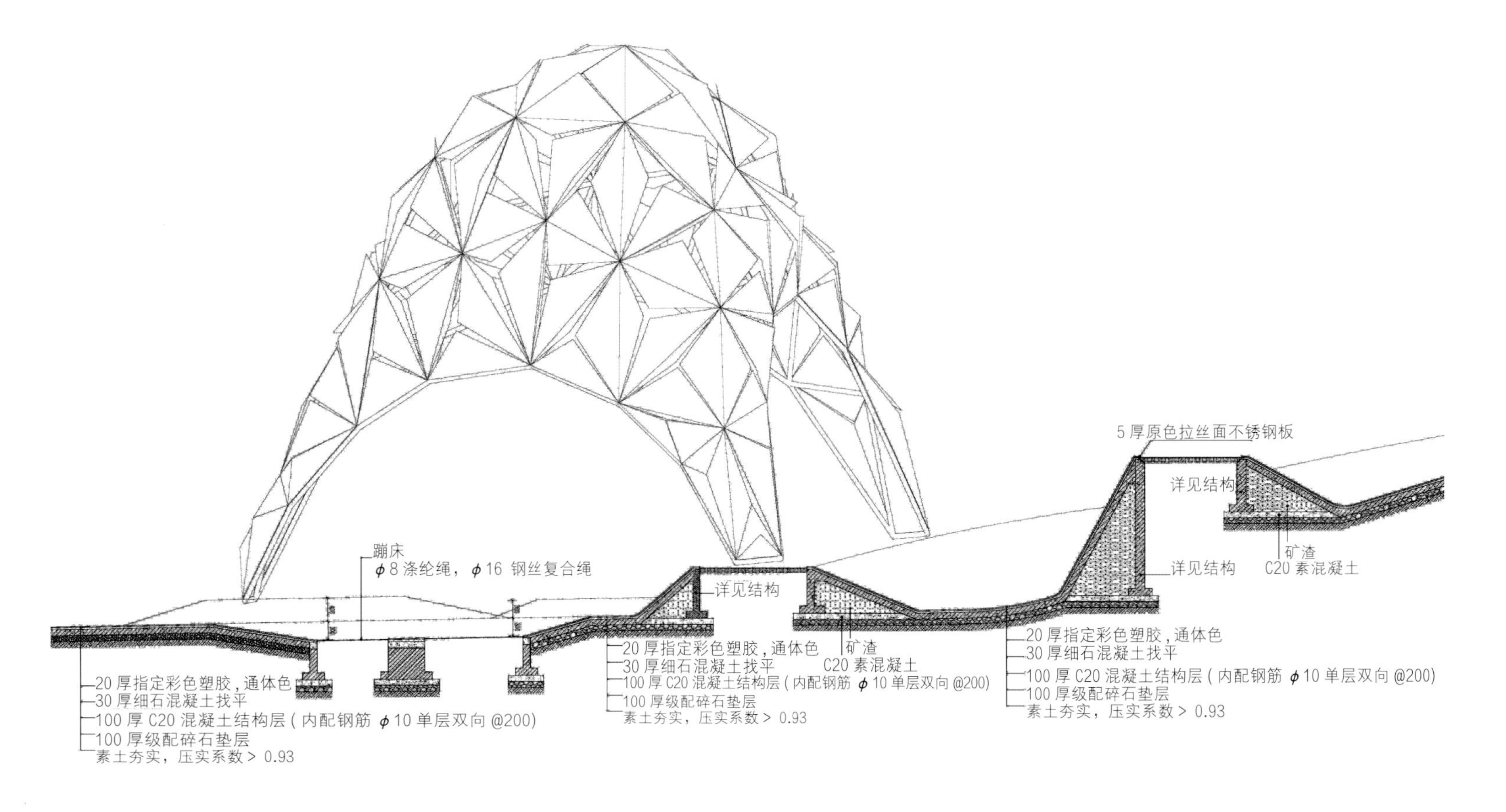
蹦床
ϕ8 涤纶绳，ϕ16 钢丝复合绳
20 厚指定彩色塑胶，通体色
30 厚细石混凝土找平
100 厚 C20 混凝土结构层（内配钢筋 ϕ10 单层双向 @200）
100 厚级配碎石垫层
素土夯实，压实系数 > 0.93
详见结构
20 厚指定彩色塑胶，通体色
30 厚细石混凝土找平
100 厚 C20 混凝土结构层（内配钢筋 ϕ10 单层双向 @200）
100 厚级配碎石垫层
素土夯实，压实系数 > 0.93
矿渣
C20 素混凝土
5 厚原色拉丝面不锈钢板
详见结构
详见结构
矿渣
C20 素混凝土
20 厚指定彩色塑胶，通体色
30 厚细石混凝土找平
100 厚 C20 混凝土结构层（内配钢筋 ϕ10 单层双向 @200）
100 厚级配碎石垫层
素土夯实，压实系数 > 0.93

∧ 黄色山地拼图剖面图

< 森林拼图鸟瞰

### 3. 童趣森林拼图

靠近北侧入口的是一个儿童主题的森林拼图，这是公园中最具有自然野趣的部分。起伏错落的草坡为小朋友们提供亲近自然植物的场所，中间围合出的互动旱喷水景区域，成为炎热夏日中最清凉的一角。放学后的小朋友们都喜欢聚集在此嬉戏打闹，甚至带上水枪，“激战”一番。

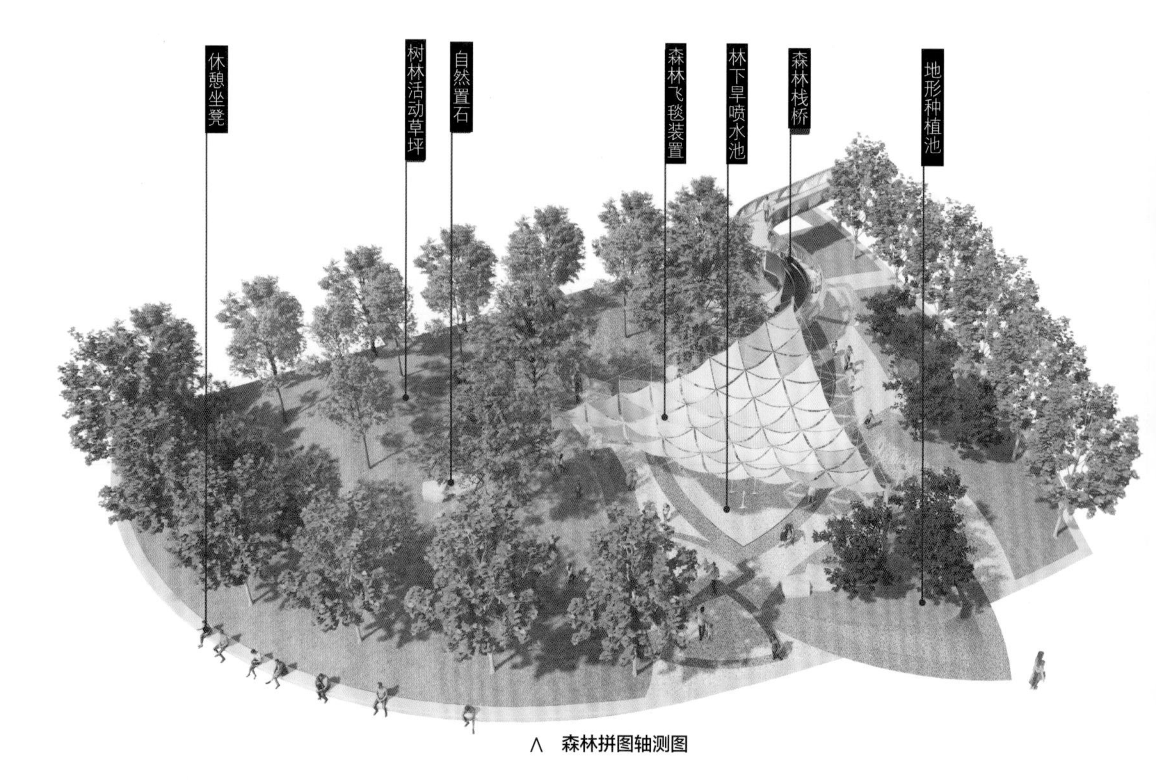


∧ 森林拼图轴测图

< 森林飞毯与林下旱喷水池

< 嬉戏打闹的小朋友们

< 夕阳下的水花

< 休闲健身空间

### 4. 休闲海洋拼图

再往前走，就来到了属于休闲健身板块的海洋拼图。有家长带着小朋友们荡秋千，也有三三两两的年轻人躺坐在椅子上闲聊，还有拉着吊环试图运动，但最终还是决定玩手机的大叔。视线穿过树梢，还能隐约地看到孩子们在桥上奔跑的身影。

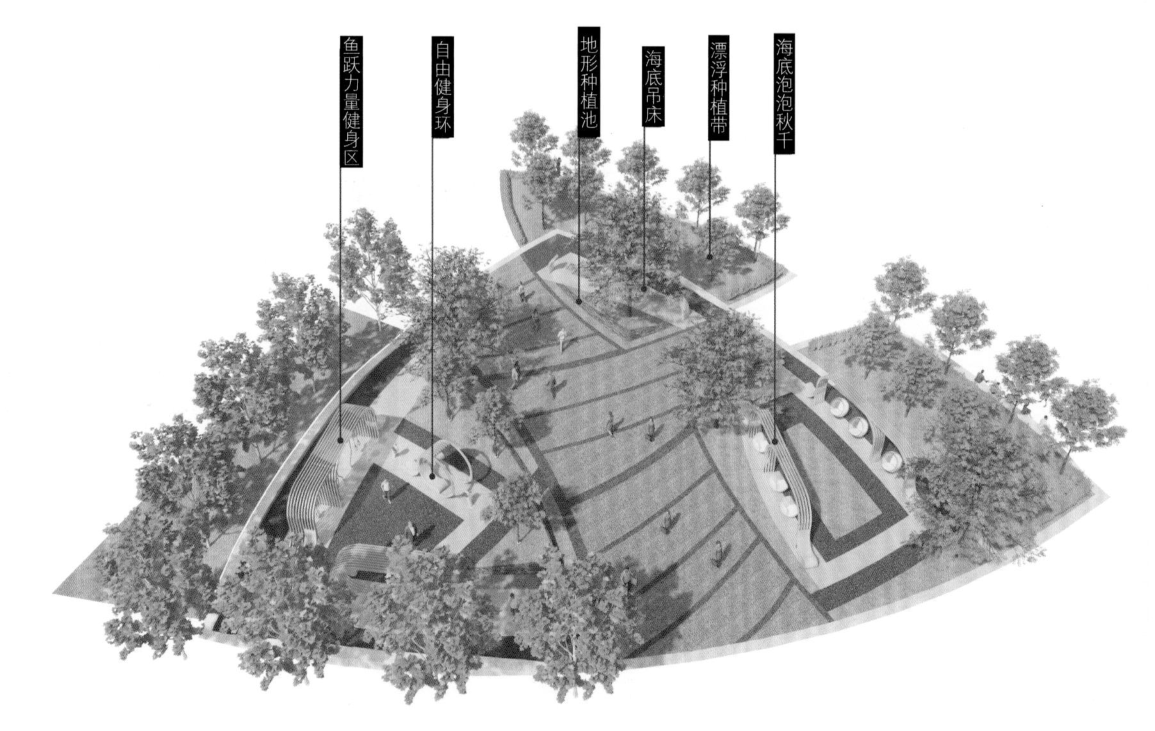


∧ 海洋拼图轴测图

∧ 休闲场地与林中的桥

＜ 水帘剧场

### 5. 展示花园拼图

在公园的尽头，也是商业街的入口，有一个拥有大型数字水帘的活动剧场。当有活动举办时，人们都慢慢向此聚集，为商业带来了活力与人流。

∧ 展示区后场花园

∧ 在水中玩耍的孩子

## ■ 不同年龄段的人在公园中所获得的快乐

孩子们在高达 4m 的大坡地上不知疲倦地爬着、奔跑着。他们从光滑的水磨石滑坡上滑下来，因下滑加速而张大嘴巴欢笑着。或在跳泉和水景旁，与夕阳下的水花一同游戏，即使全身湿透了也并不在意；或与小伙伴们一起坐在高高的种植池壁上，在夏日的夜晚聊着属于孩子们的秘密话题。

∧ 林中的滑坡

∧ 踏水寻欢

∧ 与蹦床的游戏

∧ 万物皆可爬

∧ **夏日夜晚的游戏**

家长们坐在剧场台阶上，开心地看着他们的孩子玩耍。也有保有童心的家长，会与孩子们一起参与到游戏中，一起感受公园带来的轻松与快乐。还有家长，静静地站在旁边观察与记录，给孩子提供无声的陪伴。

∧ **家长与孩子一同游戏**

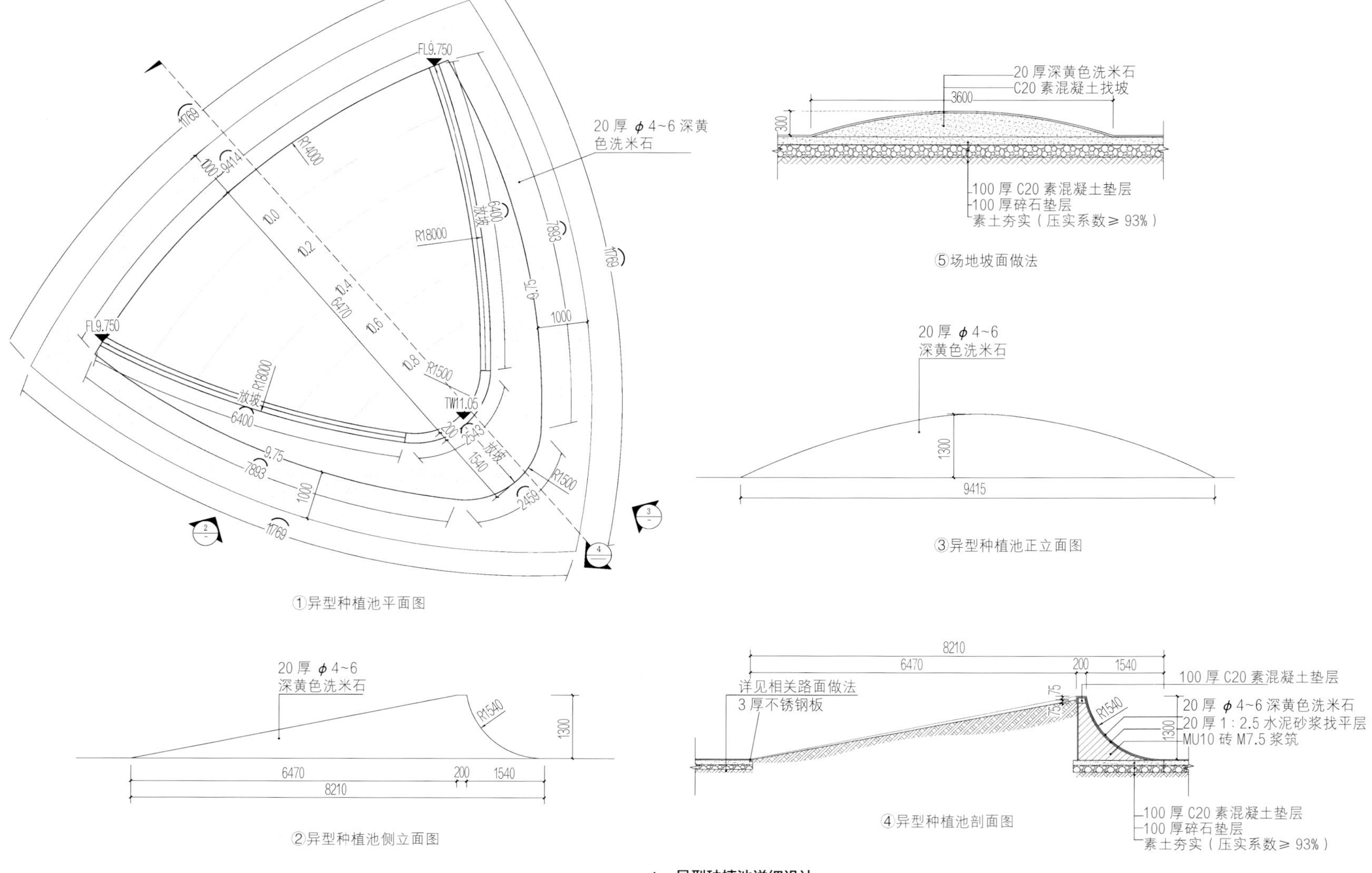

FL9.750
20厚 φ4~6深黄
色洗米石
11769
9414
1000
R14000
10.0
10.2
10.4
6470
10.6
10.8
6400
放坡
R18000
7893
9.75
1000
R1500
TW11.05
200
2543
1540
2459
①异型种植池平面图
20厚深黄色洗米石
C20素混凝土找坡
3600
300
100厚C20素混凝土垫层
100厚碎石垫层
素土夯实（压实系数≥93%）
⑤场地坡面做法
20厚 φ4~6
深黄色洗米石
1300
9415
③异型种植池正立面图
20厚 φ4~6
深黄色洗米石
R1540
1300
6470
200
1540
8210
②异型种植池侧立面图
8210
6470
200
1540
100厚C20素混凝土垫层
详见相关路面做法
3厚不锈钢板
75
R1540
20厚 φ4~6深黄色洗米石
20厚1:2.5水泥砂浆找平层
MU10砖M7.5浆筑
100厚C20素混凝土垫层
100厚碎石垫层
素土夯实（压实系数≥93%）
④异型种植池剖面图


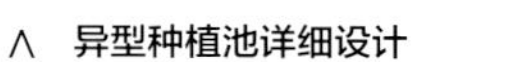

∧ 异型种植池详细设计

∧　在树荫下乘凉的家长们

老人们时而白天带着孩子悠闲地在树下乘凉，时而晚上与老年伙伴们一起在公园的平地上跳着激情的广场舞。他们悠然自得，或坐、或躺、或闲逛，感受着公园带给他们的舒适与惬意。

年轻人在公园里嗅到了无限“商机”，将公园入口的林荫大道视作“自贸区”，从黄昏起开始“占座”，摆起了形形色色的地摊。有卖衣服的、卖饮料的、卖玩具的，还有做套圈游戏的，等等。当夜幕降临的时候，公园的人气为这些年轻商人带来了“好生意”。

∧ 坐下休息的老年人

∧ 自发形成的地摊夜市

## ■ 项目建成后的评价与意义

拼图公园的诞生是一份城市的礼物。它拼接着城市与自然，弥补了周边城区公共空间的不足。它拼接了社区与生活，让人们在疲乏的工作、琐碎的家务、生活的压力中，找回对生活的观察与掌控。更重要的是，它拼接了人与情感，使不同年龄的人学会享受当下生活中这份平凡而珍稀的快乐。

∧ 套圈游戏

# 武汉樱花游园景观设计

**项目地点：**湖北省武汉市
**项目面积：**4700m$^2$
**设计公司：**UAO 瑞拓设计
**主创设计师：**李涛、胡炳盛
**设计团队：**梁海峪、虞娟娟、祖丽君
**摄影：**存在建筑 - 建筑摄影、胡炳盛（航拍部分）

## 项目概况

樱花园位于武汉市江岸区汉口江滩一元路至三阳路段。汉口江滩紧邻沿江大道商业区与旧租界区，与武昌黄鹤楼景区相望，人文底蕴浓郁，交通便利，年接待中外游客约 1000 万人，是国家 4A 级旅游景区。

樱花在武汉已成为城市旅游名片。UAO 的新作“樱花游园”是在原有樱花园的一侧扩建而来。场地原址是一个废弃了的儿童游乐场地，甲方的最初目的仅是扩建原有樱花园，将其面积扩展一倍，以满足越来越多的赏樱需求。

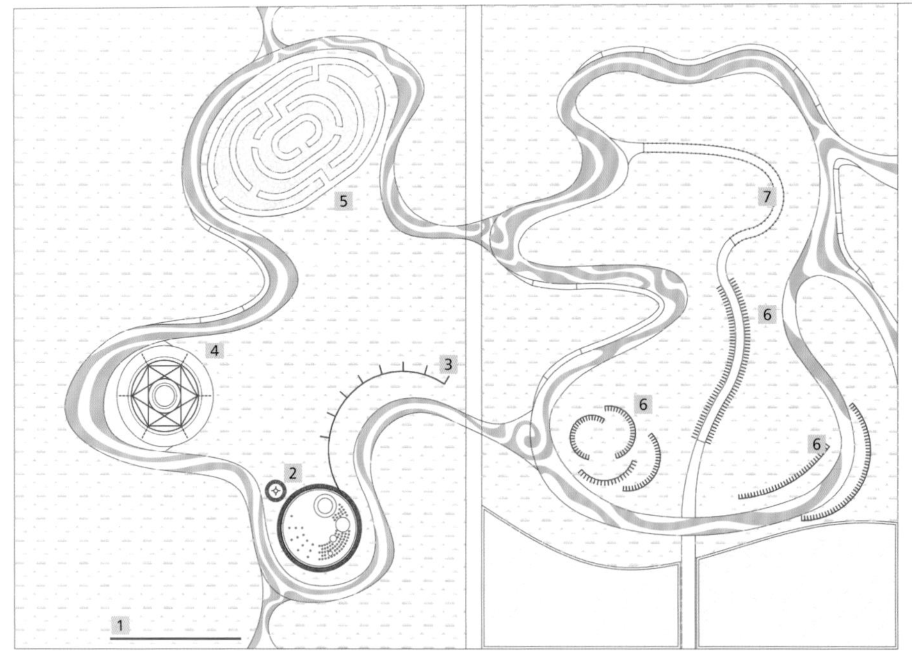


∧ 总平面图

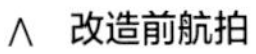

∧ 改造前航拍

∧ 改造后航拍

∧ 航拍总图

## 设计基本思路及主要实施内容

设计师在看过现场故事感十足的儿童游乐攀爬设施后，觉得保留利用现场的儿童游乐设施杆件，将其改造成一个新的游乐园区，应该作为设计的创意出发点。它包含两层意思：一是虽然还是樱花的主题园区，但却包含了满足儿童游戏的原有场地的功能，它对原来的场地功能是一种更新式的延续；二是樱花作为一种季节性很强的观赏景观，它的美是一种转瞬即逝的“瞬时”美，但作为一个公园，也要拥有常态化的使用价值，而将儿童游乐功能继续保留，就满足了全年的使用。把“瞬时的美”与“平时的乐”结合起来，将会带来怎样的碰撞？

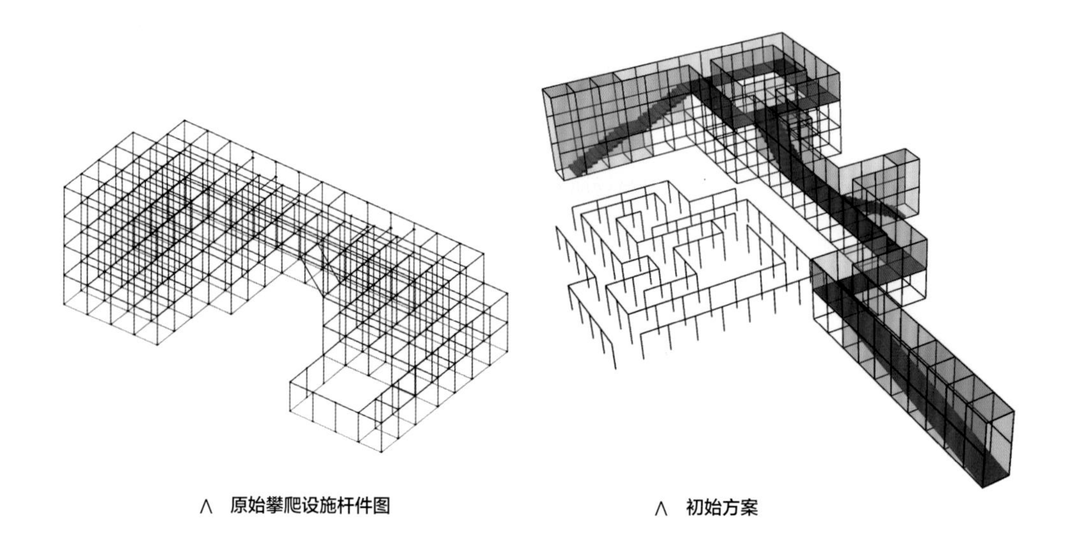

∧ 原始攀爬设施杆件图　　∧ 初始方案

UAO 设计团队在最开始，将现状的所有杆件进行了统计和分类，将可利用的原有杆件组合成一个新的方案。这个方案包含两个方面：一是利用较长的杆件，围绕场地内需要保留的大树，形成一个满足儿童游走的多层廊道系统；二是利用较短的杆件（主要是 1.25m 的横向杆件），组合成一个迷宫。设计方案充分考虑儿童的行为习惯：追逐、不知疲倦地奔跑、躲猫猫等探知行为模式。

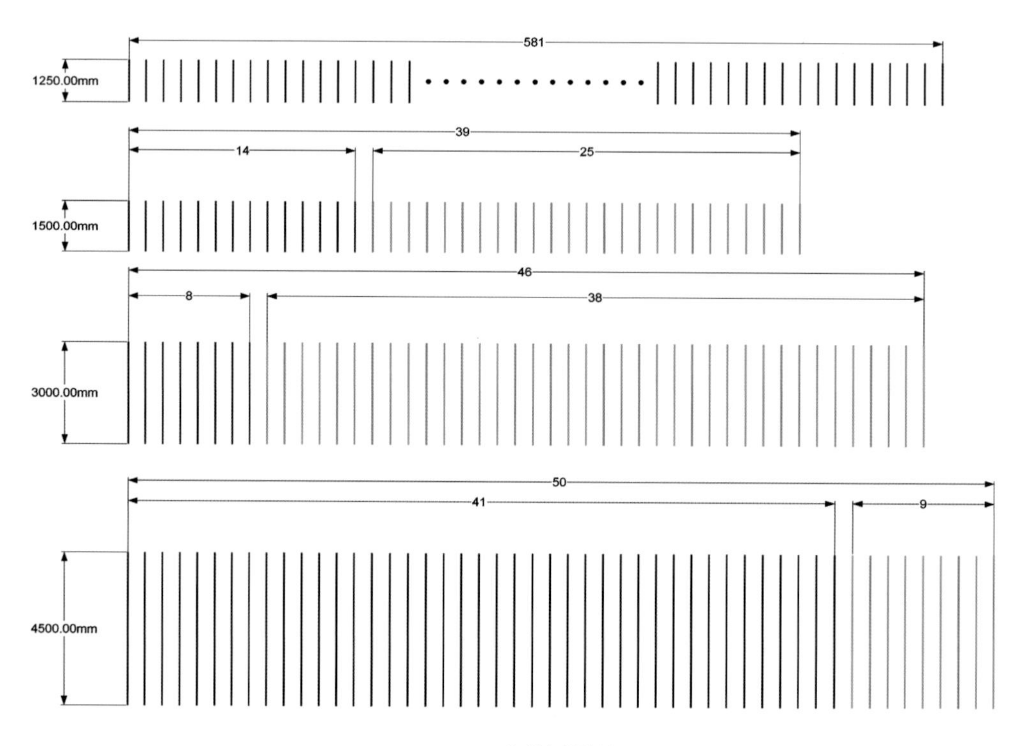


∧ 杆件归纳统计

在具体实施阶段，设计团队对原有杆件进行了检测，发现很多杆件不能满足后期使用的结构安全需求；最后保留杆件加以利用的想法必须做出改变，但利用杆件做设计的想法依然贯彻设计始终。

在最后实施的方案中，杆件被组合成了一系列小品：坡道、秋千、亭子等。这些杆件小品本身就成为儿童游乐设施的一部分，同时又将场地缝合在了一起。它提供了驻足和观赏的场所以及观景的框景，为小游园提供了趣味性，鼓励儿童去探知和发现。

∧ 杆件与儿童

∧ 瞬时的美与平时的欢乐

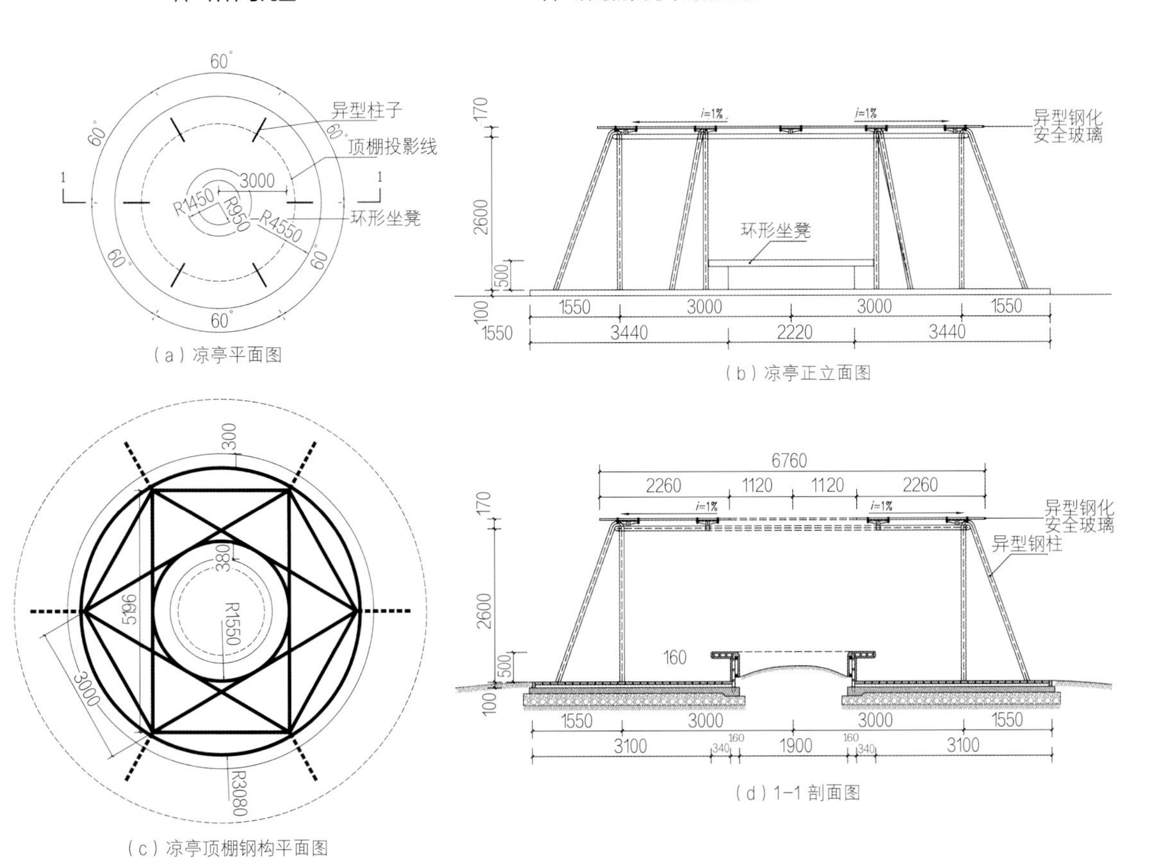


∧ 凉亭详图

∧ 樱花与杆件

∧ 杆件与亭子

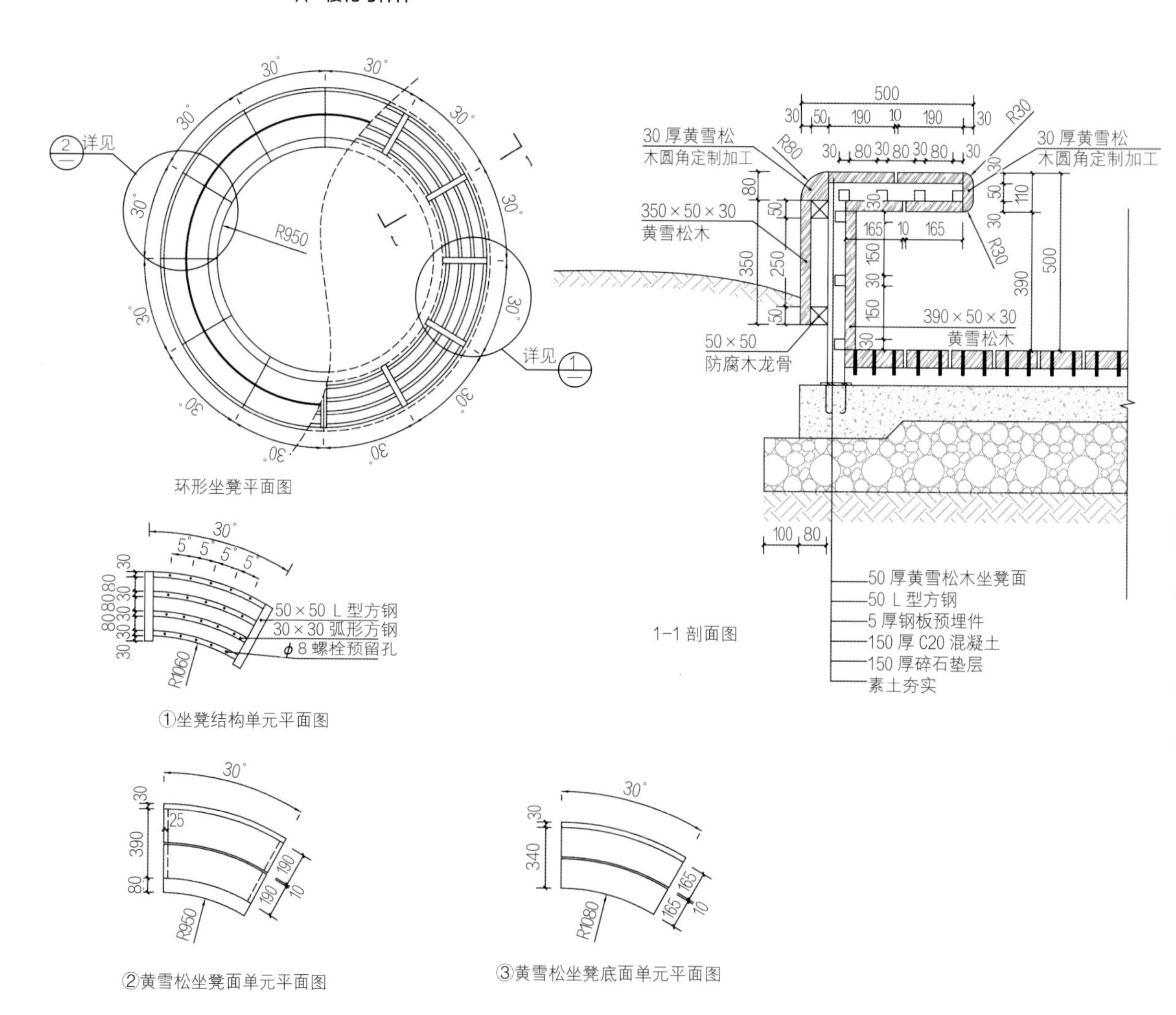


∧ 凉亭环形坐凳详图

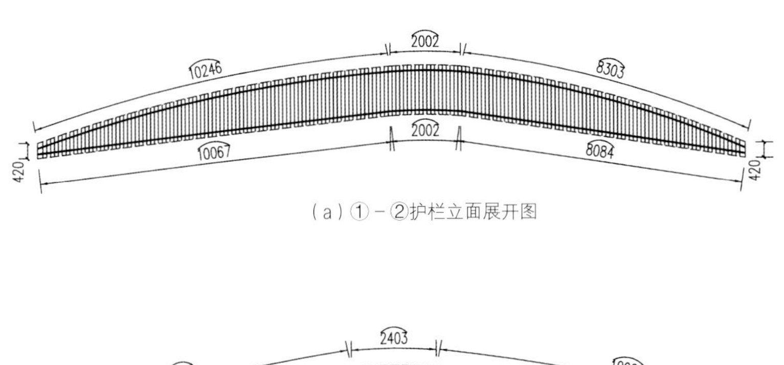


（a）①－②护栏立面展开图

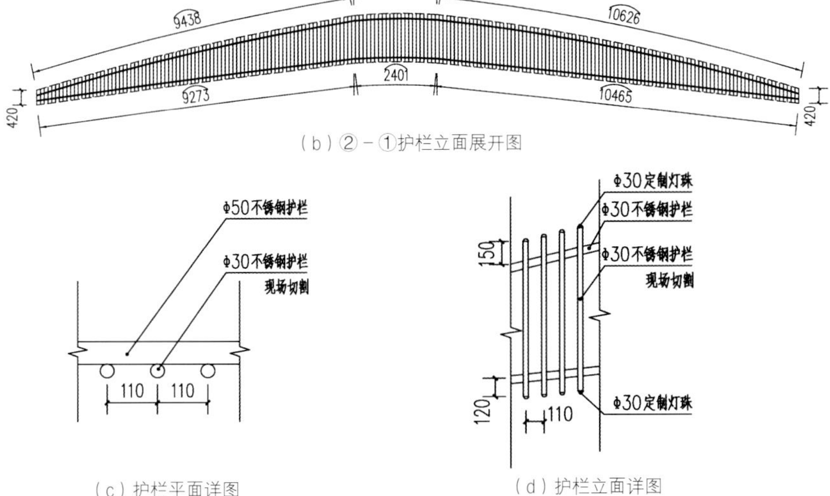


（b）②－①护栏立面展开图

（c）护栏平面详图

（d）护栏立面详图

∧ **护拦详图**

现场的大树得以保留，新种植的樱花品种包括：云南早樱、日本早樱、染井吉野、山樱等。围绕场地形成的环形步道也成为游客健身慢跑的步道，同时将地形局部隆起，形成可以休息的坐凳。原来场地留下来的碰碰车被保留在了场地中。

< **樱花与杆件**

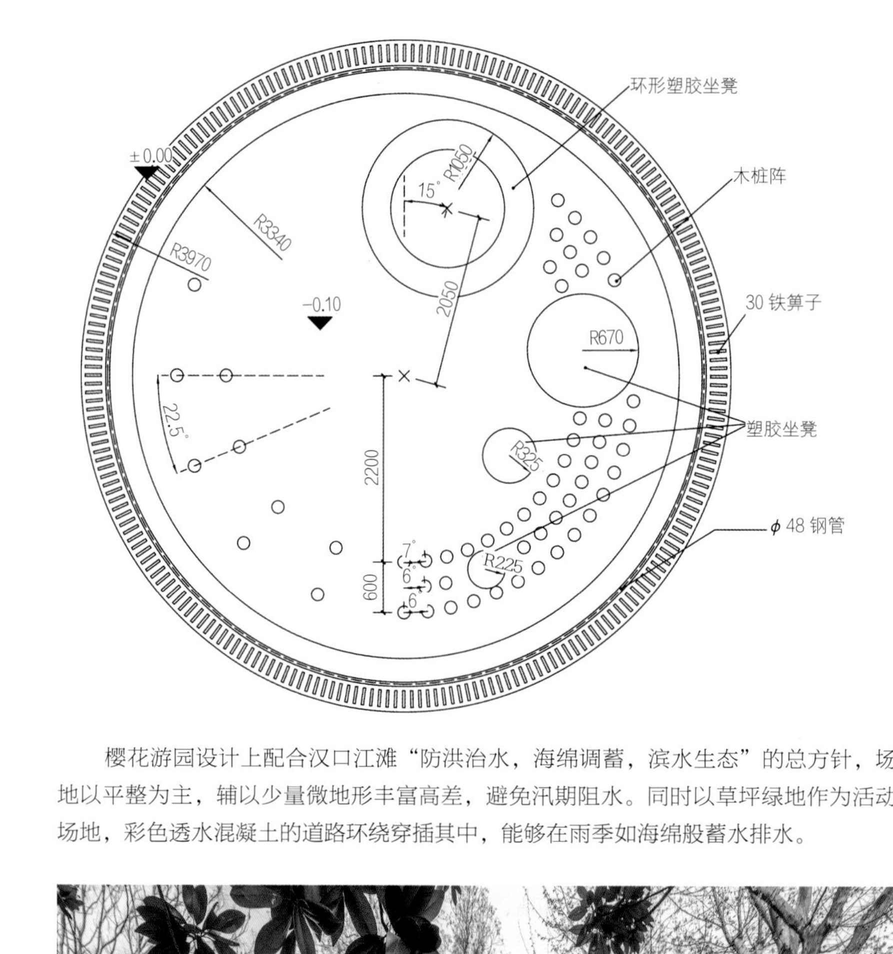


< 儿童游乐沙坑平面图

樱花游园设计上配合汉口江滩“防洪治水，海绵调蓄，滨水生态”的总方针，场地以平整为主，辅以少量微地形丰富高差，避免汛期阻水。同时以草坪绿地作为活动场地，彩色透水混凝土的道路环绕穿插其中，能够在雨季如海绵般蓄水排水。

< 杆件与沙坑

< 樱花游园

## ■ 公园设计传达的理念及建成后的意义

UAO 想通过这样一个项目来表达一个理念：建筑设计与景观设计之间的界限，应该是模糊和不确定的，这应该隶属于景观建筑学范畴（或植物建筑学）。景观的临时性和生长性（樱花的瞬时）与建筑的坚固性与空间营造能力（杆件小品的常态化存在）天然是一种对比，而景观建筑学将其模糊，景观内的一切元素（植物、坡地等）和墙、柱、杆件一样，也会是营造空间感觉的一种“材质”；通过建筑设计的空间营造方法去解决景观的问题，扩展了传统园林设计手法的边界，以期达到现代主义景观特征的表述。

樱花游园建成后继承了原有场地的功能与形式，但是又做出了更符合现代人需求和审美的变化，吸引了大量周边居民甚至是游客前来休憩活动。樱花游园是对城市公园中废弃场地在继承原有特征的同时，在现代主义景观手法更新方向上一次成功的探索。

∧ 儿童嬉戏

∧ 保留的碰碰车

# 设计公司名录

**UAO 瑞拓设计（P.094，P.254）**
地址：湖北省武汉市江岸区丹水池汉黄路 32 号良友红坊文化艺术社区 A7 栋
电话：027-82439441
邮箱：542595072@qq.com

**WTD 纬图设计（P.166，P.202）**
地址：重庆市渝北区栖霞路 18 号融创金茂时代南区 8 栋
电话：023-67001882
邮箱：wisto2020@163.com

**北京北林地景园林规划设计院有限责任公司（P.174）**
地址：北京市海淀区中关村东路 18 号财智国际大厦 B-22
电话：010-82601588
邮箱：bldjyl@263.net

**北京创新景观园林设计有限责任公司（P.210，P.226）**
地址：北京市朝阳区北苑路乙 1 08 号北美国际商务中心 K1 座一层
电话：010-85659381
邮箱：cxjgyl@263.net

**大小景观（P.234）**
地址：深圳市南山区蛇口兴华路 6 号南海意库 2 栋 515
电话：0755-84418360
邮箱：info@scalescape.com

**上海水石景观环境设计有限公司（P.032）**
地址：上海市徐汇区古宜路 188 号
电话：021-54679918
邮箱：media@shuishi.com

**深圳园林股份有限公司 深圳园林规划设计院（P.130）**
地址：深圳市罗湖区清水河一路 116 号罗湖投资控股大厦 B 座 14/15/16 层
电话：0755-25592508（业务）；0755-25528185（总机）
邮箱：szla1985@qq.com

**香港译地事务所（P.138，P.194）**
地址：香港中环荷里活道 1 号华懋荷里活中心 803-4 室
电话：+852-25130800
邮箱：contact@elandscript.com

**易兰（北京）规划设计股份有限公司（P.118，P.152）**
地址：北京市海淀区北清路中关村壹号 C2 座 7 层
电话：010-82815588-8703
邮箱：info@ecoland-plan.com

**中邦园林环境股份有限公司（P.032，P.050）**
地址：北京市海淀区学院路 30 号科大天工大厦 A 座 16 层
　　　吉林省长春市净月区福祉大路 5888 号中庆大厦
电话：13644408009
邮箱：1250094631@qq.com